Werner Klohn, Andreas Voth

Agrargeographie

Geowissen kompakt

Herausgegeben von
Hans-Dieter Haas

Werner Klohn, Andreas Voth

Agrargeographie

Die Deutsche Nationalbibliothek verzeichnet diese Publikation
in der Deutschen Nationalbibliografie;
detaillierte bibliografische Daten sind im Internet über
http://dnb.d-nb.de abrufbar.

Die Herausgabe des Werkes wurde durch
die Vereinsmitglieder der WBG ermöglicht.
Redaktion: Inga Deventer
Satz: Lichtsatz Michael Glaese GmbH, Hemsbach
Umschlaggestaltung: schreiberVIS, Seeheim
Gedruckt auf säurefreiem und alterungsbeständigem Papier
Printed in Germany

www.wbg-wissenverbindet.de

ISBN 978-3-534-23362-5

Inhalt

Vorwort

Die vorliegende kurz gefasste Einführung in die Agrargeographie verfolgt das Ziel, interessierten Studierenden einen Einblick in die Fragestellungen und Methoden dieses Zweiges der Wirtschaftsgeographie zu geben. Besonderer Wert wird dabei auch auf die Darstellung der vielfältigen Beziehungen zu Nachbardisziplinen gelegt. Innerhalb der Geographie ist die Agrargeographie in besonderem Maße dazu geeignet und darauf angewiesen, Inhalte der verschiedenen Zweige der Anthropo- und der Physiogeographie miteinander in Beziehung zu setzen. Sie ist daher als eine „**typische Grenz- und Verknüpfungswissenschaft**" zu sehen, denn sie muss die vielfältigen natürlichen, gesellschaftlichen, politischen und rechtlichen Einflussfaktoren auf die Agrarwirtschaft ebenso berücksichtigen wie Einflüsse der Konsumenten, die mit veränderten Ansprüchen (z. B. Nachfrage nach Bioprodukten) auf die Produktion einwirken.

Der hohe **Reiz der Agrargeographie** liegt in der Vielzahl der zu bearbeitenden Problemkreise und Einzelfragen, wobei sich je nach Region und Entwicklungsstand, natürlichen Voraussetzungen oder sonstiger Rahmenbedingungen sehr unterschiedliche angewandte Fragestellungen ergeben. Auch die anzuwendenden Methoden sind vielfältig und nicht zuletzt von der gewählten räumlichen Maßstabsebene abhängig. **Gesellschaftliche Relevanz** hat die Agrargeographie in den letzten Jahren dadurch gewonnen, dass sie sich zunehmend problembezogenen und angewandten Fragestellungen zugewandt hat. Daher wird im vorliegenden Lehrbuch auch den Prozessabläufen mit den steuernden Faktoren besondere Bedeutung zugemessen.

Aufgrund der Vielzahl der von der Agrargeographie in den vergangenen Jahrzehnten bearbeiteten Fragestellungen können in dieser Einführung viele Themenkreise nur angerissen werden. Nur vereinzelt werden für ein besseres Verständnis Beispiele näher ausgeführt. Es bleibt dem Leser überlassen, je nach Interessenlage anhand der Literaturangaben im **Selbststudium** einzelne Bereiche zu vertiefen.

Vechta, im Februar 2010

Werner Klohn und
Andreas Voth

1 Die Agrargeographie als Teil der Wirtschaftsgeographie

1.1 Einordnung in das Lehrgebäude

Einordnung der Agrargeographie

Die **Agrargeographie** betrachtet als **Zweig der Wirtschaftsgeographie** räumliche Strukturen, Funktionen und Prozesse in der Agrarwirtschaft. Sie steht auch in engem Bezug zu anderen Zweigen der Geographie und deren Nachbarwissenschaften. Neben anthropogeographischen Einflussfaktoren finden naturräumliche Gegebenheiten in der Agrargeographie eine besondere Beachtung, denn trotz des Einsatzes moderner Agrartechnik üben Naturfaktoren weiterhin einen erheblichen Einfluss auf die Agrarproduktion aus. Zentraler Gegenstand der Agrargeographie ist der durch die Landwirtschaft geprägte Wirtschaftsraum, der in unterschiedlichen räumlichen Maßstabsebenen und inhaltlichen Schwerpunktsetzungen untersucht werden kann. Berücksichtigung finden sowohl die Raumabhängigkeit als auch die Raumwirksamkeit agrarwirtschaftlicher Aktivitäten. Die unterschiedlichen Akteure und Kräfte im Agrarwirtschaftsraum werden in ihrem Beziehungsgefüge betrachtet mit dem Ziel, ihr räumliches Verbreitungsmuster und Zusammenwirken sowie raum-zeitliche Veränderungen zu erkennen und zu erklären.

Agrargeographie als Verknüpfungswissenschaft

Die Agrargeographie ist in besonderem Maße dazu geeignet und darauf angewiesen, Inhalte der verschiedenen **Zweige der Anthropo- und der Physiogeographie** miteinander in Beziehung zu setzen. Otremba (1960, S. 26) bezeichnete die Agrargeographie daher als eine „typische Grenz- und Verknüpfungswissenschaft" und fand gerade darin ihren besonderen Reiz. Wenngleich die Agrarwirtschaft im Mittelpunkt der Betrachtung steht, ergeben sich gemeinsame Arbeitsfelder beispielsweise mit der Geographie der Wald- und Forstwirtschaft, der Siedlungsgeographie, Bevölkerungsgeographie, Fremdenverkehrsgeographie, der Geographischen Entwicklungsforschung oder der Geoökologie. Überschneidungen und Anknüpfungspunkte sind aber nicht nur innerhalb der Geographie zu finden, sondern auch mit den **Nachbarwissenschaften**, insbesondere mit verschiedenen Teilgebieten der Agrarwissenschaften. Waibel (1933, S. 7) verstand die **Landwirtschaft** als „die planmäßige Bewirtschaftung des Bodens zum Zwecke der Gewinnung pflanzlicher und tierischer Produkte". Er hob hervor, dass die Landwirtschaft aus geographischer Perspektive – im Unterschied zur agrarwissenschaftlichen Perspektive – nicht eine Gesamtheit von Betrieben, sondern eine wesentliche Erscheinung einer Landschaft oder eines Landes darstellt. Dabei hat die Geographie die Aufgabe übernommen, die Landwirtschaft räumlich zu analysieren und die natürlichen und anthropogenen Einflussfaktoren in ihrem Beziehungsgefüge aufzudecken, um die festzustellenden Raummuster erklären zu können.

1.1.1 Aufgaben der Agrargeographie

Aufgaben, Arbeitsrichtungen und Methoden der Agrargeographie haben sich im Laufe der Zeit verändert. Borcherdt (1996, S. 12f.) betont, dass eine anwendungsorientierte Agrargeographie mit ihren Zielsetzungen und Arbeitsmethoden „mit der Zeit gehen" muss, sich aber nicht zu sehr auf die aktuellen Raumstrukturen fixieren darf, um vergangene und in der Gegenwart bedeutsame, regional unterschiedlich ablaufende Entwicklungsprozesse nicht zu vernachlässigen. Agrargeographischen Sachverhalten der Vergangenheit wendet sich insbesondere die Teildisziplin der Historischen Agrargeographie zu (Becker 1998).

Die unterschiedlichen **Definitionen** der Agrargeographie in den Lehrbüchern weisen auf die Bandbreite und den zeitlichen Wandel der Auffassungen bezüglich der Aufgaben dieser Teildisziplin hin. Einige ältere Definitionen stellen die **Agrarlandschaft** in den Mittelpunkt der Betrachtung, während jüngere Ansätze sich stärker den sozialen, ökonomischen und ökologischen Aspekten zuwenden und eine **anwendungsorientierte Agrargeographie** vertreten. In seinem mehrmals aufgelegten Lehrbuch definierte Otremba (1960, S. 25) die Agrargeographie als „die Wissenschaft von der durch die Landwirtschaft gestalteten Erdoberfläche, sowohl als Ganzes als auch in ihren Teilen, in ihrem äußeren Bild, ihrem inneren Aufbau und in ihrer Verflechtung". Diese viel zitierte Definition wird in abgewandelter Form auch in jüngeren Darstellungen aufgenommen (z. B. Sick 1997, S. 8f.). Für Arnold (1997, S. 8) ist die Agrargeographie „die Wissenschaft von der räumlichen Ordnung und räumlichen Organisation der Landwirtschaft". Andere Autoren hingegen sehen darin den Aufgabenbereich der Agrargeographie zu eng gefasst (Ruppert 1984; Rother 1988). Über die klassischen Definitionen hinaus sollte die Agrargeographie nach Borcherdt (1996) auch zusätzliche Fragen mit aufnehmen, welche sich der Landwirtschaft gegenwärtig hinsichtlich des Wandels ländlicher Räume stellen, wie beispielsweise die Verknüpfungen von Landwirtschaft und Fremdenverkehr.

Definition: traditionell

Erweiterte Definition

Die im Folgenden mit der gebotenen Kürze vorgestellte Entwicklung der (deutschen) Agrargeographie zeigt die wiederholte Aufnahme neuer Ansätze, die einander jedoch nicht ablösen, sondern vielmehr ergänzen und aufeinander aufbauen und immer wieder zu einer Verlagerung und zunehmenden **Vielfalt der Forschungsschwerpunkte** geführt haben. Viele schon früh aufgegriffene Themen sind auch heute noch aktuell. Aus der großen Anzahl an Autoren kann hier nur eine kleine Auswahl namentlich genannt werden.

1.1.2 Entwicklung und Methoden der Agrargeographie

Frühe Darstellungen regionaler Ausprägungen der Landwirtschaft waren vorwiegend deskriptiv. Sie basierten auf Reisebeschreibungen und Einzelbeobachtungen, die erst im 18. Jh. allmählich zur Herausstellung von Zusammenhängen verbunden wurden. Die zunehmende Verfügbarkeit staatlicher Statistiken wurde auch im 19. Jh. noch vornehmlich zur Darstellung agrarräumlicher **Verbreitungsmuster** genutzt. Im Vordergrund standen statistisch-beschreibende Produktenkunden ohne eine tiefgreifende Behandlung von Hintergründen. Einige grundlegende Arbeiten übten jedoch wichtige **Impulse** auf die spätere Entwicklung der Agrargeographie aus. Hier sind zu nennen die Veröffentlichungen von T. R. Malthus („Essay on the Principle of

Frühe Ansätze

Population", 1798) über das schnelle Wachstum der Bevölkerungszahl im Verhältnis zur Nahrungsmittelproduktion (vgl. Kap. 4.1), sowie J.H. von Thünens Modell einer räumlichen Differenzierung der Art und Intensität der Agrarproduktion nach Marktentfernung und Transportkosten („Der isolierte Staat in Beziehung auf Landwirtschaft und Nationalökonomie", 1826). Von Thünen erstellte eine Theorie der Landnutzung, die in der Wirtschaftsgeographie und Siedlungsgeographie aufgenommen wurde und eine herausragende Rolle in der Entwicklung von Standorttheorien spielte. Sein Modell wird deshalb in den meisten Lehrbüchern der Agrar- und Wirtschaftsgeographie ausführlich behandelt (siehe z.B. Haas/Neumair 2008, S. 43 ff.).

Eine Agrargeographie als **eigenständige wissenschaftliche Disziplin** bildete sich erst seit Beginn des 20. Jh. heraus. Dazu leistete ein Aufsatz von Bernhard (1915) einen maßgeblichen Beitrag. Neben kulturgeschichtlichen Betrachtungen zur Entwicklung der Landwirtschaft richtete sich das Interesse auf die räumliche Verbreitung. Mit seiner Gliederung der Erde in Landbauzonen auf der Grundlage der verfügbaren **Agrarstatistik** legte Engelbrecht (1930) eine globale Regionalisierung der Agrarwirtschaft vor. Darin stellte er nicht die absolute Verbreitung einzelner Nutzpflanzen und -tiere dar, sondern grenzte die Räume ihres vorherrschenden Auftretens nach einer relativen Darstellungsmethode ab.

Nach einer Fokussierung auf Abhängigkeiten der Landwirtschaft von naturräumlichen Bedingungen (Naturdeterminismus) rückten die Handlungsmöglichkeiten des Menschen und seine Wechselbeziehungen mit dem Naturraum in den Vordergrund (Possibilismus). Die naturräumlichen Faktoren, denen gerade in der landwirtschaftlichen Nutzung im Vergleich zu anderen Wirtschaftszweigen eine herausragende Bedeutung zukommt, finden jedoch trotz wechselnder Betrachtungsperspektiven weiterhin besondere Beachtung. Die Studien konzentrierten sich oftmals noch auf die sichtbaren Komponenten der **Agrarlandschaft** und ihre historisch-genetische Entwicklung. Die Untersuchung kultureller und ökonomischer Einflüsse auf die Agrarlandschaft erlangte einen hohen Stellenwert. Die Prägung der Landschaft durch die Agrarwirtschaft stand noch im Vordergrund. Waibel (1933) entwickelte das Konzept der Wirtschaftsformationen, das eine Gliederung der von Betrieben mit bestimmten Produktionszielen gestalteten Wirtschaftslandschaft ermöglicht. Analog zur Vegetationsformation betrachtete er eine in sich einheitliche Wirtschaftslandschaft als **Wirtschaftsformation**. Die Präzisierung und inhaltliche Differenzierung des Formationskonzeptes zur Erfassung von Betrieben als räumliches System ist vor allem Nitz (1975, 1982) zu verdanken. Windhorst (1974, S. 274) definierte die Agrarformation als „die räumlich angeordnete Gesamtheit aller Elemente einer in sich einheitlichen Agrarwirtschaftsform, die aufgrund ihrer Zuordnung zu einem agrarischen Produktionsprozess einen systemartigen Ordnungszusammenhang bilden". Der Begriff der Agrarformation ist nicht zu verwechseln mit dem übergeordneten Begriff der Agrarlandschaft, in welcher zumeist mehrere verschiedene Agrarformationen miteinander vorkommen.

Kulturlandschaft

Bis in die Mitte des 20. Jh. blieb die Agrarlandschaft mit ihren physiognomisch fassbaren Raumeinheiten ein wichtiger Betrachtungsgegenstand der Agrargeographie. Das Interesse richtete sich dabei nicht nur auf die landwirtschaftlich genutzte **Flur**, sondern auch auf die ländlichen **Siedlungen**. In dieser Phase werden die Verbindungen zur Siedlungsgeographie und Historischen Geographie sehr deutlich. Besondere Beachtung fand der von OTREMBA (1962–1971) herausgegebene „Atlas der deutschen Agrarlandschaft" mit großmaßstäblichen Landnutzungskartierungen. An die kulturlandschaftliche Betrachtung schloss sich das **Konzept des Wirtschaftsraumes** an, das eine Charakterisierung von Agrarwirtschaftsräumen nach ihren spezifischen sozioökonomischen Strukturen und funktionalen Verflechtungen anstrebt. Einige wegweisende Beiträge der Agrargeographie vor 1970 sind in einem von RUPPERT (1973) herausgegebenen Band zusammengestellt.

Sozialgeographische Impulse

In den 1970er Jahren brachte die **Sozialgeographie** neue Impulse und rückte die Bewertung, Inwertsetzung und Veränderung des Agrarraumes durch soziale Gruppen in den Vordergrund. Die sozialgeographische Perspektive bewirkte eine stärkere Hinwendung zu den Agrarbetrieben und den Akteuren mit ihren raumwirksamen Entscheidungen (MORGAN/MUNTON 1971, S. 3). „Behavioural approaches" bezogen verstärkt auch nicht-ökonomische Faktoren in eine Analyse der Motive, Ziele und Entscheidungsprozesse der Landwirte mit ein. Nach einer Fokussierung auf den einzelnen landwirtschaftlichen Betrieb wurden seine äußeren Bestimmungsfaktoren und seine Einbindung in Akteursnetzwerke zunehmend in die Betrachtung aufgenommen (ROBINSON 2004, S. 33f.). **Verhaltens- und entscheidungstheoretische Ansätze** gingen auch in die Bearbeitung agrargeographischer Fragestellungen ein, so z.B. im Rahmen der Geographischen **Innovations- und Diffusionsforschung**. An eindrucksvollen Beispielen wie der Ausbreitung der Kartoffel in Bayern stellte BORCHERDT (1961) in einem wegweisenden Beitrag die Innovation als agrargeographische Regelerscheinung vor. WINDHORST (1983) hat dieses weiterhin aktuelle Forschungsfeld, das wie in der Agrargeographie auch in den anderen Zweigen der Wirtschaftsgeographie grundlegende Bedeutung erlangt hat, umfassend dargestellt. Zahlreiche agrargeographische Arbeiten weisen auf die Weiterentwicklung und vielfältige Anwendbarkeit des Ansatzes hin (z.B. BREUER 1985; STRUCK 1990; VOTH 1997). Die schnelle Entwicklung der Methoden der Datenverarbeitung hat zudem die Durchführung **statistisch-quantitativer Verfahren** erleichtert. Auch in der deutschen Agrargeographie nahm das Interesse an Fragestellungen mit einer quantitativen und modellhaft-theoretischen Ausrichtung zu.

Anwendungsorientierte Agrargeographie

Seit den 1970er Jahren wächst die Bedeutung **problem- und anwendungsorientierter Fragestellungen**. Auf der Suche nach Antworten auf die drängenden Fragen der Agrarproduktion und Nahrungsmittelversorgung in Entwicklungsländern sowie der dynamischen Entwicklung der industrialisierten Agrarwirtschaft haben sich neue Arbeitsrichtungen herausgebildet. Die insbesondere seit etwa 1980 festzustellende **Neukonzeption der Agrargeographie** bedeutete eine Hinwendung zu einer Vielzahl zeitgemäßer Fragestellungen, die auf die Veränderungen ländlicher Räume und ihrer Problemfelder und Rahmenbedingungen reagieren. Das Spektrum reicht von wirtschafts- und sozialwissenschaftlichen Aspekten (z.B. Diffusion von Innovationen) über agrarökologische Aspekte (z.B. Formen angepasster Landnutzung) bis hin zu planungsorientierten Aspekten (z.B. Vermeidung von Landnutzungskonflikten). Mit den Prozessen der **Industrialisierung der Agrarwirtschaft** gingen in den Industrieländern ein tiefgreifender Strukturwandel und die Entstehung neuer Organisationsformen einher. Da die zunehmende Verflechtung der Primärproduktion mit den ihr vor- und nachgelagerten Wirtschaftsbereichen von der traditionellen Agrargeographie nicht voll erfasst werden kann, schlug Windhorst (1989a, S. 147) eine **erweiterte Definition der Agrargeographie** gegenüber ihrer bisher stark auf den Produktionsbereich konzentrierten Ausrichtung vor:

Definition: neu

> „Die Agrargeographie ist die Wissenschaft von der Struktur, Funktion, räumlichen Verbreitung und räumlichen Organisation der Erzeugung, Be- und Verarbeitung von Nahrungsmitteln, pflanzlichen und tierischen Rohstoffen. Sie versucht, die genannten ökonomischen Aktivitäten in ihrem zeitlichen Wandel zu erfassen, zu regionalisieren und die sich einstellenden räumlichen Systeme in Modellen darzustellen."

Auch die Vermarktungsaktivitäten als verbindende Elemente des Systems können mit aufgenommen werden. In einem anwendungsorientierten Forschungsansatz zur Analyse aller am agrarischen Produktionsprozess beteiligten Elemente lassen sich **„räumliche Verbundsysteme"** in den Mittelpunkt der Betrachtung stellen (Windhorst 1989a und b, 1993). Dieses theoretische Konzept ist schon mehrfach zur Analyse komplexer Organisationsformen der intensiven Agrarwirtschaft genutzt worden. Auch Grigg (1995a, S. 2) weist auf Forderungen nach einer über die Farmproduktion hinausgehenden Betrachtung hin, die die übrigen Bestandteile des Systems der Ernährungswirtschaft, von der Herstellung der Betriebsmittel bis hin zum Konsum von Nahrungsmitteln, mit einbezieht. Zugleich bedauert er jedoch den Mangel an Untersuchungen zu diesem Forschungsfeld. Die landwirtschaftliche Produktion ist eingebunden in das **System der Ernährungswirtschaft** und seine Veränderungen (Nuhn 1993a, S. 512). Bereits seit Mitte der 1980er Jahre wenden sich Ansätze, die auch in die politische Ökonomie eingeordnet werden können, der Analyse von Beziehungsgefügen und Einfluss- und Kräfteverhältnissen zwischen verschiedenen Gruppen von Akteuren zu und ordnen sie in den jeweiligen gesellschaftlichen, kulturellen, politischen und ökonomischen Rahmen und dessen Wandel ein (Robinson 2004, S. 36ff.). Die Aufmerksamkeit richtet sich auf die einzelnen Elemente der agrarwirtschaftlichen Produktionskette, der **„agri-food chain"**, und ihr Zusammenwirken in einem zunehmend globalisierten System der Erzeugung und des Handels mit Nahrungsmitteln (siehe Kap. 2.3). Prozesse der Industrialisierung der Agrarwirtschaft haben eine Steigerung der Wertschöpfung insbesondere in der Verarbeitung und Vermarktung von Agrarprodukten bewirkt, woraus sich eine veränderte Position der Landbewirtschafter innerhalb des Netzwerks von Akteuren ergibt, das von den Zulieferern der Agrartechnik bis hin zu den Konsumenten reicht (Whatmore 2002). Die Produktion auf landwirtschaftlichen Betrieben ist als Teil eines räumlichen Systems zu verstehen, dessen Elemente an verschiedenen Standorten Veränderungen unterliegen. Ein tiefgreifender Wandel des historisch-politischen Kontexts des Systems der Ernährungswirtschaft kann als Übergang zwischen aufeinander folgenden „food regimes" beschrieben werden (z.B. McMichael 2009). Im aktuellen Blickfeld stehen die Umstrukturierungen in der Ernährungswirtschaft durch **Globalisierungseinflüsse** und die Herausforde-

Systemansätze

Produktionsketten

rung einer stärkeren **Orientierung an Nachhaltigkeitszielen**. Darin finden die besonderen Verhältnisse sowohl der Industrieländer als auch der Entwicklungsländer Beachtung.

Die Entwicklung der Agrargeographie zeigt insgesamt einen Übergang von der agrarräumlichen Differenzierung, von der Beschreibung und Typisierung von Agrarlandschaften und Agrarsystemen, hin zu einer **problemorientierten räumlichen Analyse der Nahrungsmittelversorgung** (Abb. 1-1).

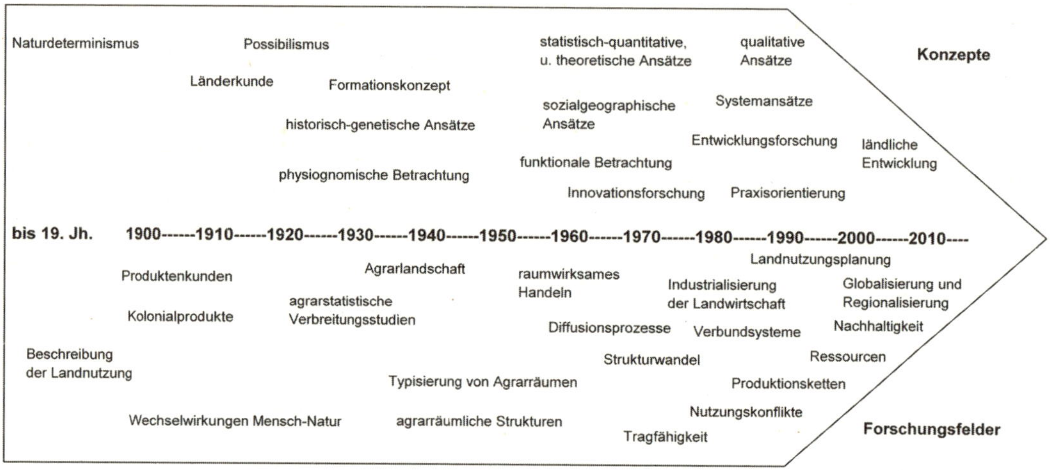

Abb. 1-1: Übersichtsschema zur Entwicklung der Agrargeographie

Regionalisierung

Im Zuge der dargestellten Entwicklung der Agrargeographie sind wiederholt Versuche unternommen worden, auf verschiedenen Maßstabsebenen agrarräumliche Einheiten zu charakterisieren und voneinander abzugrenzen. **Agrargeographische Raumgliederungen** sind in vielen Lehrbüchern in besonderer Breite dargestellt worden (z. B. ANDREAE 1985; ARNOLD 1997; BORCHERDT 1996; SICK 1997), sodass an dieser Stelle nur auf einige ausgewählte Aspekte eingegangen wird. Zunächst ist anzumerken, dass die **Vielgestaltigkeit der Landwirtschaft** und die Vielzahl ihrer Bestimmungsfaktoren eine Regionalisierung auf der Grundlage einer Klassifizierung der landwirtschaftlichen Nutzungen zu einer schwierigen Aufgabe machen. BREUER (1999, S. 67) zieht den Schluss, dass die Versuche einer umfassenden regionalen Differenzierung der Weltlandwirtschaft mittels einer großen Anzahl an Variablen als gescheitert anzusehen sind, und dass es auch nicht gelungen ist, einen einfachen und weltweit anwendbaren Kriterienkatalog zur eindeutigen Abgrenzung von Agrarregionen oder Bodennutzungs- und Viehhaltungssystemen zu entwickeln. Für kleinere Raumausschnitte hingegen ist eine Regionalisierung leichter möglich, insbesondere dort, wo räumliche Konzentrationen spezialisierter Agrarbetriebe vorliegen.

Die Herausforderung einer agrarräumlichen Differenzierung besteht vor allem darin, aus der Heterogenität einer Vielzahl einzelner Erscheinungen möglichst homogene Gruppen zu bilden. Die Charakterisierung und **Abgrenzung von Raumeinheiten** kann einerseits nach dem Muster der absoluten Verbreitung oder der Dominanz von Einzelmerkmalen erfolgen, andererseits aber auch durch eine typische Kombination möglichst zahlreicher agrarräumlicher Merkmale. Deshalb unterscheidet SICK (1997) zwischen analytischen Raumeinheiten, die Teilaspekte betreffen, und synthetischen Raumeinheiten, die mehrere ausgewählte Aspekte miteinander verbinden. Die Gesamtheit agrarwirtschaftlich gestalteter Räume der Erde lässt sich mit unterschiedlichen Abgrenzungskriterien aufgliedern in **Agrarregionen**, diese wiederum in **Agrargebiete** (Abb. 1-2). Ein Agrargebiet wird durch das gehäufte Auftreten von Betrieben gleichen oder ähnlichen Betriebstyps geprägt und unterscheidet sich dadurch von benachbarten Agrargebieten. Bei vornehmlich physiognomischer Betrachtung eines Agrargebietes wird auch der Begriff der Agrarlandschaft verwendet. Eine Agrarlandschaft kann sich aus mehreren dort vergesellschafteten Agrarformationen zusammensetzen. Da Agrarregionen in globaler Perspektive nicht zonal angeordnet und nicht deckungsgleich mit den Klima- und Vegetationszonen der Erde sind, ist der Begriff der Agrarzonen weniger geeignet. Einige Regionalisierungsansätze lehnen sich dennoch eng an die naturräumlichen Grundlagen an oder weisen agrarwirtschaftliche Eignungsräume aus.

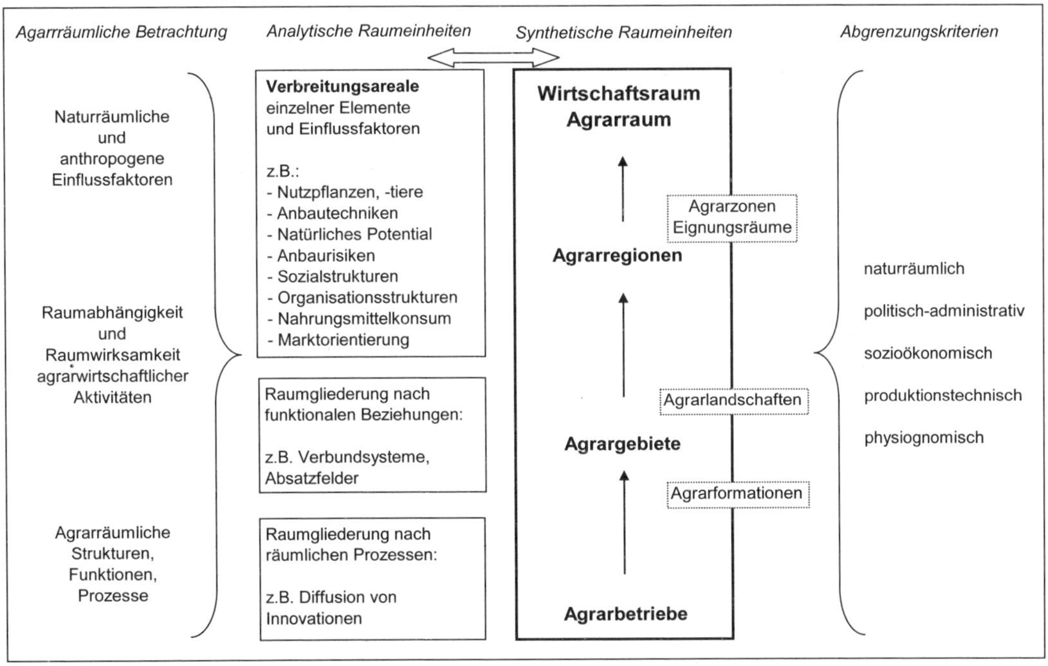

Abb. 1-2: Betrachtungsebenen in der Agrargeographie

Regionalisierung nach Betriebssystemen

Die kleinste räumliche und organisatorische Einheit, die letztendlich die Grundlage der Klassifizierung darstellt, ist der **Agrarbetrieb** mit seinen landwirtschaftlichen Nutzflächen, Viehbeständen, Wohn- und Wirtschaftsgebäuden, Wegen, technischen Einrichtungen und Personal. Der keineswegs einheitlich verwendete Begriff des **Betriebssystems** bezieht sich vor allem auf die Produktionsrichtungen und deren Kombination in einem systemartigen Verbund. Da eine Berücksichtigung aller Merkmale der Agrarbetriebe nicht möglich ist, hängt das Ergebnis einer Regionalisierung wesentlich von der getroffenen Auswahl dominierender Merkmale ab. Ein Problem stellt die Wahl von Kriterien und Schwellenwerten zur Unterscheidung von Betrieben mit unterschiedlicher Schwerpunktsetzung der Agrarproduktion dar. Flächen und Flächenanteile bestimmter Produktionszweige sind nur begrenzt aussagekräftig, da die Nutzungsintensität und Wertschöpfung sehr unterschiedlich sein können.

Großräumige Gliederungen des Agrarraums der Erde in Agrarregionen lehnen sich also teils an die Landschaftsgürtel, teils an die vorherrschenden Bodennutzungen, Betriebsformen oder Betriebssysteme an. In einigen Regionen dominieren bestimmte Ausprägungen des Pflanzenbaus, in anderen die der Viehhaltung. In manchen Regionen hingegen ist die Vielfalt der Betriebsformen und Nutzungen so groß, dass sich eine Zusammenfassung zu einer Region gemischter Agrarwirtschaft anbietet. Eine scharfe Abgrenzung der Agrarregionen ist nur selten möglich. Auf der Grundlage verschiedener vorliegender Entwürfe und unter Berücksichtigung mehrerer Klassifikationskriterien (insbesondere Intensität der Produktion, Marktorientierung und Bedeutung pflanzlicher und tierischer Produkte) weist ARNOLD (1997, S. 120) auf einer Karte weltweit insgesamt neun Agrarregionen aus. Einige Betriebsformen, z.B. die des eher kleinräumig konzentrierten Sonderkulturanbaus oder der flächenarmen Betriebe intensiver Viehhaltung, sind darin allerdings schwer einzubringen. Als Beispiel für die **Schwierigkeiten der Abgrenzung**, die außerdem einem zeitlichen Wandel unterliegt, seien hier die **Viehhaltungssysteme** genannt, welche ARNOLD zu vier Gruppen zusammenfasst und nach zunehmender Intensität der Bewirtschaftung ordnet (Nomadismus, extensive stationäre Weidewirtschaft, intensive Grünlandwirtschaft, Viehwirtschaft in flächenarmen Betrieben). Der Nomadismus ist eine extensive Form der Weidewirtschaft in den altweltlichen Trockengebieten. Als nicht-sesshafte Lebens- und Wirtschaftsform zeichnet sich der Nomadismus durch jahreszeitliche Wanderungen der Viehhalter mit ihren Herden zwischen räumlich unterschiedlich gelegenen Naturweiden aus. Die intensive Viehhaltung flächenarmer Betriebe hingegen hat in vielen Ländern an Bedeutung gewonnen, tritt aber in Karten der Agrarregionen der Erde nicht explizit in Erscheinung. Vergleichbare Probleme zeigen sich auch bei der Abgrenzung der **Ackerbausysteme**, die vom Wanderfeldbau und der Landwechselwirtschaft bis hin zu den Reisbauregionen enorme Unterschiede in ihrer Intensität und Entwicklungstendenz aufweisen.

Viehhaltung

Ackerbau

Nach einer Fixierung auf die Abgrenzung von Agrarstrukturräumen auf globaler Ebene gehen **jüngere Ansätze der agrarräumlichen Differenzierung** zu einer stärkeren Berücksichtigung von Entwicklungsprozessen über oder wenden sich konkreten Problemen kleinerer Raumausschnitte zu. Auf der Grundlage des Entscheidungsverhaltens der Menschen klassifiziert DOPPLER (1991, 1994) landwirtschaftliche Betriebssysteme der Tropen und Subtropen in erster Linie nach dem Grad ihrer Marktorientierung und in weiteren Schritten nach ihrer Flächenverfügbarkeit, Sesshaftigkeit und der Verfügbarkeit anderer Ressourcen (Arbeitskräfte, Vieh, Wasser, etc.). Dabei stehen die Dynamik, spezifische Probleme und Entwicklungspotenziale der Betriebssysteme im Vordergrund. Als Beispiel für eine agrarräumliche Differenzierung unter Betonung von Ausbreitungs- und Verdrängungsprozessen sowie sich daraus ergebender Konflikte kann die von Coy und Neuburger (2002, S. 76) vorgestellte Gliederung Brasiliens in ländliche Sozialräume dienen (Abb. 1-3).

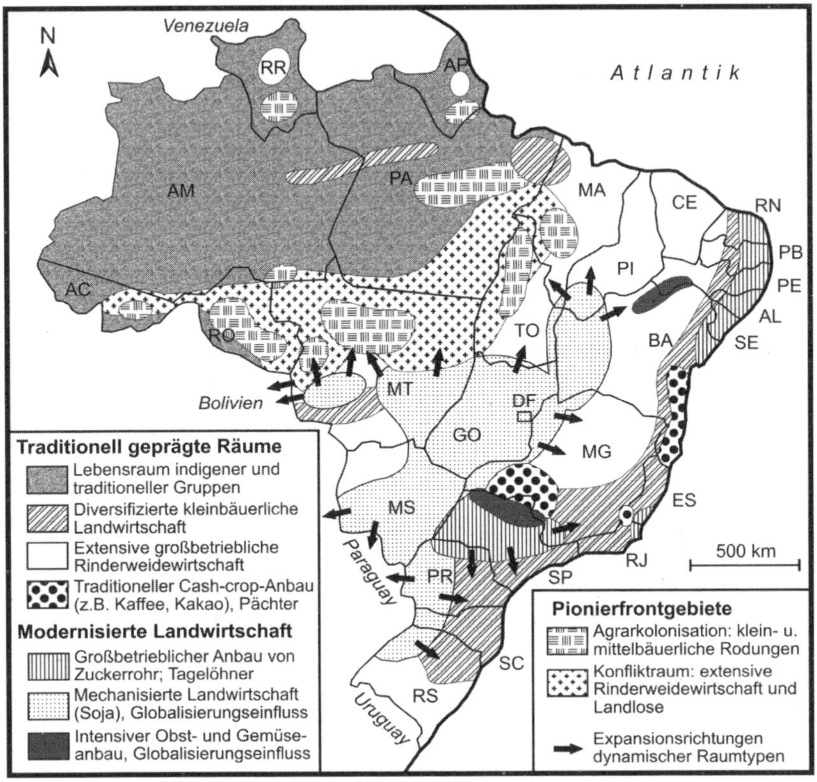

Abb. 1-3: Agrarräumliche Differenzierung Brasiliens nach agrarsozialen Strukturen und Prozessen (Coy/Neuburger 2002, S. 76)

Nicht nur die landwirtschaftliche Produktion, sondern auch andere Elemente im System der Ernährungswirtschaft und ihr Zusammenwirken können Gegenstand einer räumlichen Differenzierung sein. Die Nahrungsmittelversorgung weist erhebliche regionale Unterschiede auf (quantitativ, qualitativ, organisatorisch). Die Betrachtung geht über eine räumliche Differenzierung von Hunger und Überfluss hinaus. Ein wachsendes, stark kulturgeographisch beeinflusstes Forschungsfeld richtet sich auf den **Konsum von Nahrungsmitteln**. Kulturerdteile, aber auch kleinere Regionen und soziale Gruppen weisen unterschiedliche Konsummuster auf, die außerdem räumlichen Veränderungsprozessen unterliegen, insbesondere unter Globalisierungseinflüssen.

Methoden der Agrargeographie

Die **Arbeitsmethoden** der Agrargeographie sind abhängig von den sich wandelnden Forschungszielen und Fragestellungen (sowie von der verfügbaren Datengrundlage). Zu einer detaillierten Darstellung humangeographischer Arbeitsmethoden, die großenteils auch in agrargeographischen Untersuchungen zum Einsatz kommen, ist auf die entsprechenden Lehrbücher zu verweisen (z.B. MEIER KRUKER/RAUH 2005). Neben der Sichtung des breiten Angebots an **Literatur** ist auch die Auswertung von **Atlanten** und thematischen Karten zu physio- und anthropogeographischen Inhalten sinnvoll. Einen empirischen Zugang können gezielte **Beobachtungen** im Gelände bieten. Viele agrargeographisch relevante Strukturen und Veränderungen (Landnutzung, Stallbauten) sind physiognomisch erfassbar. Die Beobachtung richtet sich nicht nur auf das äußere Erscheinungsbild, sondern auch auf die Aktivitäten verschiedener Akteure in der Agrarwirtschaft. Entscheidenden Einfluss auf die Ergebnisse und den Erfolg der Beobachtung hat die Wahl eines geeigneten Beobachtungszeitpunktes, da die Wachstumszyklen und die Saisonalität bestimmter Aktivitäten zu berücksichtigen sind. Methoden agrargeographischer Beobachtung können zu einem erheblichen Erkenntnisgewinn führen, doch muss ihr Anwender sich darüber bewusst sein, dass seine Wahrnehmung mehr oder weniger subjektiv und selektiv ist.

Karten liefern einerseits wichtige Grundinformationen für eine agrargeographische Analyse und bieten andererseits auch vielfältige Möglichkeiten, gewonnene Informationen aufzunehmen und Ergebnisse darzustellen. In Kombination mit der Beobachtung und Kartenanalyse können auch Methoden der **Fernerkundung** zum Einsatz kommen. In Ergänzung zu topographischen Karten können bei großmaßstäblichen **Kartierungen** Luftbilder hilfreich sein. Zu unterscheiden ist beispielsweise zwischen der vollständigen Bodennutzungskartierung eines Geländeausschnittes und der Betriebskartierung, die sich auf die baulichen Einrichtungen und Nutzflächen eines oder mehrerer ausgewählter Agrarbetriebe beschränkt. Eventuell sind Erläuterungen lokaler Akteure (z.B. Landwirte, Anbauberater) hinzuzuziehen. Denkbar ist auch die kartographische Erfassung von funktionalen Beziehungen in Beschaffungs- und Absatzfeldern oder die Darstellung einer bestimmten Entwicklungsdynamik (z.B. Diffusion von Innovationen, oder Rodungsprozesse im tropischen Regenwald). Die Umsetzung agrargeographischer Untersuchungsergebnisse in thematische Karten eröffnet oftmals erst den Blick auf Zusammenhänge, die sich aus Einzelbeobachtungen heraus nicht erschließen lassen.

Agrarstatistische Daten werden in den meisten Staaten erhoben, jedoch in unterschiedlicher Qualität und Zugänglichkeit. Eine Vergleichbarkeit (zeitlich, räumlich und inhaltlich) ist keineswegs immer gegeben. Probleme bereitet häufig die Erstellung einheitlicher und kontinuierlicher Zeitreihen (z.B. zur Entwicklung der Anbaufläche einer Kulturpflanze). Oftmals werden die Daten nicht in regelmäßigen Abständen erhoben, oder sie basieren teilweise auf Schätzungen oder Stichproben. Zu beachten sind auch Veränderungen eventuell bestehender Erhebungsgrenzen (Betriebe unterhalb eines Minimums an Fläche oder Viehbestand werden dann nicht mehr erfasst). Bei agrargeographischen Untersuchungen ist außerdem zu bedenken, dass die Sekundärdaten immer für administrative Bezugsräume vorliegen, deren Abgrenzungen in der Regel nicht mit naturräumlichen Grenzen korrelieren und sich gelegentlich verschieben können. Besonders zu beachten ist die **sachliche und räumliche Aufschlüsselung** der Daten, die letztendlich darüber entscheidet, ob ein bestimmtes Raummuster eines agrargeographischen Sachverhaltes erkannt und weiter analysiert werden kann. Hinzu kommt das wachsende Problem der **Geheimhaltung** statistischer Daten. Der Strukturwandel in der Landwirtschaft bedingt, dass in einer Gemeinde oder einem Landkreis häufig nur noch wenige Betriebe eine bestimmte Form des Ackerbaus oder der Viehhaltung betreiben und die Daten in der deutschen Agrarstatistik dann nicht veröffentlicht werden dürfen. Unter den bedeutenden statistischen Quellen ist auf internationaler Ebene die Datenbasis der UN Food and Agriculture Organization (FAO-Datenbasis) zu nennen. Selbstverständlich spielen in agrargeographischen Untersuchungen auch quantitative und qualitative **Befragungsmethoden** eine wichtige Rolle (regionale Analysen und einzelbetriebliche Fallstudien).

Grenzen der Agrarstatistik

1.1.3 Jüngere Entwicklungstendenzen

Erweiterte Agrargeographie

Vor dem Hintergrund der wachsenden Vielfalt an Funktionen ländlicher Räume und der veränderten Rolle des Agrarsektors in Wirtschaft und Gesellschaft vieler Länder hat es wiederholt Bestrebungen gegeben, die traditionelle Agrargeographie für **neue Themenfelder** zu öffnen und auch außerlandwirtschaftliche Einflussfaktoren stärker zu berücksichtigen. So befürwortet Ruppert (1984, S. 172) die Bearbeitung von Fragestellungen wie beispielsweise: Landwirtschaft ohne Agrarproduktion, die Bedeutung der Ausweisung von Schutzgebieten, die Wahrnehmung von Umweltschutzaufgaben und die Bereitstellung von Ressourcen durch Unternehmen aus der Landwirtschaft.

Geographie ländlicher Räume

Die Agrargeographie verfügt im deutschsprachigen Raum über eine lange Tradition, droht jedoch in jüngerer Zeit durch Überschneidungen mit anderen Teildisziplinen und die zunehmende Themenbreite innerhalb einer **Geographie ländlicher Räume** an Bedeutung zu verlieren. Auch in anderen Ländern besteht die Tendenz, räumliche Fragen der Agrarwirtschaft in den Rahmen einer „**Rural Geography**" einzubinden (Gilg 1985). Besonders stark ist diese Teildisziplin z.B. in Spanien vertreten, wo im zweijährigen Rhythmus sogar Fachkongresse zur „Geografía Rural" stattfinden, deren Beiträge jedoch auf die weiterhin bedeutende Rolle agrargeographischer Arbeiten hinweisen. In einer breiten Analyse der internationalen Forschungstendenzen stellen García et al. (1995) ein Verschwimmen der Disziplingrenzen fest. Auch in Frankreich verschiebt sich das Interesse geographischer Betrachtung von der Landwirtschaft hin zu vielfältigen Fragestellungen multifunktionaler ländlicher Räume. Jedoch konzentriert sich die „Géographie agricole et rurale" von Chaléard/Charvet (2007) weiterhin vornehmlich auf agrargeographische Inhalte.

Nach Ansicht von Henkel (2004, S. 31) sind die Begriffe Agrarlandschaft und Agrarraum allmählich durch den **Begriff des ländlichen Raumes** zurückgedrängt worden, der allerdings andere, vielschichtige Bedeutungsinhalte aufweist und in der Literatur nicht einheitlich aufgefasst wird. Die Gestaltung durch die Agrarwirtschaft ist nur eines von zahlreichen Kriterien bei der Charakterisierung des ländlichen Raumes, den Henkel (2004, S. 33) stark generalisierend definiert als „naturnaher, von der Land- und Forstwirtschaft geprägter Siedlungs- und Landschaftsraum mit geringer Bevölkerungs- und Bebauungsdichte sowie niedriger Wirtschaftskraft und Zentralität der Orte, aber höherer Dichte zwischenmenschlicher Bindungen". In der Industrie- und Dienstleistungsgesellschaft erfüllt der ländliche Raum neben der Agrarproduktion auch zahlreiche andere Funktionen, z. B. als Siedlungs- und Lebensraum, Erholungsraum, ökologischer Ausgleichsraum und als Standort für unterschiedliche nicht-agrare Nutzungen (Henkel 2004, S. 39). Die Agrargeographie untersucht aus räumlicher Perspektive die Agrarproduktion, berücksichtigt dabei jedoch als Einflussfaktoren auch die Wechselwirkungen mit den übrigen Funktionen.

Arnold (1997, S. 8) lehnt die Forderung nach einer Ausweitung der **Agrargeographie** auf das wesentlich breitere Themenfeld einer „Geographie des ländlichen Raumes" ausdrücklich ab. Eine scharfe Abgrenzung des agrargeographischen Arbeitsbereichs ist allerdings weder möglich noch sinnvoll. Einige aktuelle Entwicklungen mit Bezug zur Agrarwirtschaft würden sonst aus dem Blickfeld geraten, wie beispielsweise die Hobby-Landwirtschaft, die Aufforstung ehemaliger Agrarflächen oder die touristische Bewertung der Agrarlandschaft. Obwohl die Agrargeographie selbstverständlich wertvolle Beiträge zum interdisziplinären Forschungsfeld ländlicher Räume leistet, richtet sich der vorliegende Band primär auf räumliche Fragestellungen der Agrarwirtschaft, die Nahrungs- und Futtermittel sowie Rohstoffe zur Verfügung stellt. Dabei gilt es, die oftmals festzustellende Fixierung der Betrachtung auf den Pflanzenbau zu überwinden. Es ist zu berücksichtigen, dass gerade die Tierhaltung eine hohe Wertschöpfung ermöglicht und einen bedeutenden Beitrag zum landwirtschaftlichen Produktionswert leistet.

Aktuelle Themen der Agrargeographie

Eine **anwendungsorientierte Agrargeographie** kann sich einer großen Vielfalt an Themen zuwenden, auf verschiedenen Maßstabsebenen arbeiten (global bis lokal) und Ausschnitte des Agrarwirtschaftsraums mit unterschiedlichen Rahmenbedingungen (z. B. in Industrieländern, Entwicklungsländern) untersuchen. Zu Beginn des 21. Jh. erschienene agrargeographische Aufsätze behandeln eine große Breite aktueller Probleme und lassen sich z. B. folgenden **Themenfeldern** zuordnen:

- Auswirkungen von Agrarpolitik und Globalisierung
- Beziehungsfeld Agrarwirtschaft und Umweltschutz
- Alternative Formen der Agrarproduktion und Vermarktung
- Qualität, Handel und Konsum von Nahrungsmitteln
- Agrarwirtschaftliche Rohstoffproduktion
- Strukturwandel und Industrialisierung der Agrarwirtschaft
- Agrarwirtschaftliche Produktionsketten und Netzwerke
- Agrarproduktion und Ernährung in Entwicklungsländern
- Agrarstrukturen in Transformationsländern
- Diversifizierung von Agrarproduktion und Einkommensquellen (z. B. auch durch Bioenergiegewinnung)
- Agrarproduktion und Nutzungskonflikte im stadtnahen Umland
- Bewässerung und Konflikte um Wasser
- Landschaftswandel durch Intensivierung oder Extensivierung der Agrarproduktion
- Kulturlandschaftspflege

1.2 Besonderheiten des Agrarsektors

Merkmale der Agrarwirtschaft

Der Agrarsektor unterscheidet sich von anderen Wirtschaftszweigen durch eine Reihe markanter Merkmale, sodass es gerechtfertigt ist, von der **Eigengesetzlichkeit** der Landwirtschaft zu sprechen. Diese drückt sich in folgenden Besonderheiten aus:

Natürliche Einflüsse

- Die landwirtschaftliche Produktion ist abhängig von **natürlichen Faktoren** (z. B. Klima, Boden) und gebunden an **biologische Prozesse** (Wachstums- und Reifezeiten bei Pflanzen und Tieren). Diese können nur begrenzt modifiziert werden. Vor allem im Pflanzenbau ist die Abhängigkeit sehr groß, wohingegen in der Tierhaltung jahreszeitliche oder witterungsbedingte Einflüsse durch Stallbauten weitgehend ausgeschlossen werden können. Bei etlichen Kulturen muss in bestimmten Abständen ein Fruchtwechsel erfolgen, um einer Bodenverarmung oder einer Anreicherung von Schädlingen (z. B. Nematoden) vorzubeugen.
- Durch die natürlichen Einflüsse können die Erträge stark schwanken, sodass die Produktionsmengen nur schwer planbar sind. Insbesondere deshalb kommt es auch zu hohen Preisausschlägen im Markt.
- Die natürlichen Faktoren stellen zudem **Risiken** dar, denn durch Dürre, Frost, Hagel oder Tierkrankheiten können unerwartet große Verluste eintreten.
- Es handelt sich zumeist um eine **flächenhafte Produktion**, wobei die Flächenverfügbarkeit starken Einschränkungen unterliegt. Der Produktionsfaktor Boden ist nicht beliebig vermehrbar, weshalb die Flächenaufstockung für Betriebe mit Problemen verbunden ist. Zudem ist der Boden unbeweglich, d. h. frei werdender Boden liegt nicht unbedingt in räumlicher Nähe eines expansionswilligen Hofes. Dadurch werden betriebliche Anpassungsprozesse sehr erschwert.

Saisonale Schwankungen

- Aufgrund klimatischer Bedingungen liegt in den meisten Regionen eine ausgesprochene **Saisonalität in der Erzeugung** vor, wovon insbesondere der Pflanzenbau betroffen ist. Daraus resultieren Probleme in der Vermarktung, denn es besteht unmittelbar nach der Ernte ein Angebotsüberschuss, der zu sinkenden Preisen führt. Die Nachfrage dagegen verbleibt zumeist konstant, sodass die Zeit bis zur nächsten Ernte durch Lagerhaltung überbrückt werden muss. Etliche der erzeugten Waren sind jedoch nur **begrenzt haltbar und lagerfähig**, weshalb sie vom Erzeuger kurz nach der Ernte unbedingt verkauft werden müssen, auch bei unbefriedigender Preissituation.
- Die Saisonalität führt auch zu **unterschiedlichen Arbeitsbelastungen** im Verlauf des Jahres. Phasen geringer Arbeitszeit, beispielsweise in den gemäßigten Breiten bei Pflanzenbaubetrieben in den Wintermonaten, bewirken eine geringere Effektivität; Phasen der Nichtausnutzung der Maschinen (Mähdrescher werden nur wenige Wochen im Jahr genutzt) führen zu längerer Umschlagdauer des Kapitals.

Ökonomische Einflüsse

- Im biologischen Erzeugungsbereich der Landwirtschaft gilt das **Gesetz vom abnehmenden Ertragszuwachs** (kurz: Ertragsgesetz). So kann beispielsweise im Ackerbau der Ertrag durch Düngung gesteigert werden.

Zusätzliche Düngergaben bringen aber einen immer kleiner werdenden Ertragszuwachs, bis schließlich der Höchstertrag erreicht wird (Abb. 1-4). Von einer bestimmten Düngungsmenge an können sich die Erträge durch Überdüngung sogar wieder verringern. Demnach sind der Produktivitätssteigerung in der Landwirtschaft ökonomische und natürliche Grenzen gesetzt.

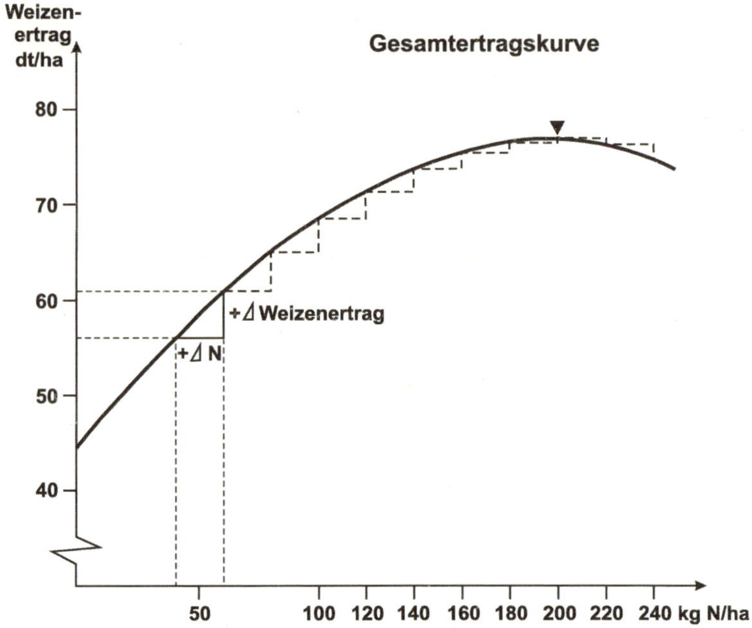

Abb. 1-4: Das Gesetz vom abnehmenden Ertragszuwachs
(nach REISCH et al. 1995, S. 111)

- Ein Wesensmerkmal der Landwirtschaft ist die **Multifunktionalität** (FAO 2000), denn sie erbringt über die Güterproduktion hinaus weitere Leistungen (auch ideeller Art), beeinflusst die Umwelt sowie das soziale und kulturelle Umfeld. Diese mit der Agrarproduktion einhergehenden bedeutsamen **externen Effekte** können positiver oder negativer Art sein. Negative Auswirkungen sind beispielsweise der Eintrag von ausgebrachten Agrochemikalien in Grund- oder Oberflächengewässer oder Geruchsbelästigungen aus der Tierhaltung. Positive Auswirkungen bestehen u.a. in der Gestaltung der Kulturlandschaft und in der Bewahrung eines attraktiven Landschaftsbildes, das wiederum unverzichtbare Grundlage für den Tourismus in vielen Regionen ist (z.B. Allgäu).
- In den entwickelten Volkswirtschaften ist die **Nachfrage nach Nahrungsmitteln** kaum vermehrbar, sodass Absatzsteigerungen fast ausschließlich durch Verdrängung bisher nachgefragter Produkte erfolgen können. Zudem liegt eine **geringe Elastizität** des Angebotes vor, d.h. die Erzeuger sind aufgrund der biologischen Beschränkungen (Wachstumsdauer) nicht in der Lage, auf erhöhte Verbrauchernachfrage kurzfristig mit einem erhöhten Angebot zu reagieren.

- Der sehr großen Anzahl von Produzenten stehen in Form der Nahrungsmittelindustrie und der großen Lebensmittelketten nur wenige Abnehmer gegenüber, sodass es sich um ein **Nachfrageoligopol** handelt, bei dem die einzelnen Erzeuger keinen oder kaum Einfluss auf das Marktgeschehen nehmen können.
- Es sind besondere **emotionale Aspekte** wirksam, da die erzeugten Agrarprodukte und die Tätigkeit der Erzeuger von den Verbrauchern mit besonderer Sorge und erhöhten Ansprüchen verknüpft werden. Dies gilt vor allem für die Sorge der Verbraucher um **Nahrungsmittelqualität** und Nahrungsmittelsicherheit oder die **Angst vor Hungersnöten** sowie die Vorbehalte gegenüber gentechnisch veränderten Produkten, aber es sind auch ethische Fragen, wie z.B. nach der artgerechten Haltung von Nutztieren, wirksam. Auf der Seite der Erzeuger ist in vielen Fällen eine besondere und lang tradierte Verbundenheit mit dem ererbten landwirtschaftlichen Betrieb gegeben, der beispielsweise in Westeuropa seit Jahrhunderten im Familienbesitz sein kann. Viele Landwirte sehen ihre Tätigkeit nicht als profanen Erwerbszweig, sondern als **Lebensform**. Dies gilt insbesondere für viele Entwicklungsländer, in denen die Landwirtschaft nicht nur der Markt- sondern größtenteils der **Selbstversorgung** dient.

Emotionale Aspekte

Diese Besonderheiten der Agrarwirtschaft bewirkten vielfältige Reaktionen, die vor allem dazu dienen sollten, die Nachteile dieses Produktionssektors zu mindern. Im Zuge der **Selbsthilfe** wurden durch kollektives Handeln Maßnahmen ergriffen, die der einzelne Erzeuger nicht hätte durchführen können. Hierzu zählen beispielsweise die Gründung von genossenschaftlichen Lagerhaus-Gesellschaften, um den Angebotsüberschuss nach der Ernte sachgerecht lagern zu können und nicht in Tiefpreis-Phasen zum Verkauf gezwungen zu sein. Wegen der begrenzten Haltbarkeit vieler Erzeugnisse wurden seit dem späten 19. Jh. Vermarktungs- und Verarbeitungsgenossenschaften aufgebaut, die zudem durch Bündelung des Angebots den Erzeugern größeren Einfluss auf das Marktgeschehen verschaffen (siehe Kap. 3.2). Auch die besonders stark ausgeprägten **politisch-rechtlichen Reglementierungen** gehen auf die Eigengesetzlichkeit des Agrarsektors zurück. Fast alle Staaten der Erde haben (oder hatten) Maßnahmen zum Schutz ihrer eigenen Erzeuger ergriffen. Dies geschieht durch Außenschutz, z.B. durch Einfuhrzölle, sowie durch Stützungsmaßnahmen im Inland, beispielsweise durch Subventionen (siehe Kap. 2.2). Ursprünglich spielte dabei die historisch begründete Angst vor Hungersnöten eine Rolle. Außerdem fürchteten viele Länder, dass eine Abhängigkeit von Nahrungsmittelimporten sie politisch in Krisenzeiten erpressbar machen würde. In vielen Ländern mit geringem Wohlstandsniveau kommt den Preisen für Grundnahrungsmittel eine besondere Bedeutung zu. Daher werden diese vielfach subventioniert, auch um politische Unruhen zu vermeiden. Die Sonderstellung des Agrarsektors drückt sich gegenwärtig auch darin aus, dass die meisten Staaten (in Deutschland auch die meisten Bundesländer) neben dem Wirtschafts- ein gesondertes **Landwirtschaftsministerium** unterhalten.

Maßnahmen zur Unterstützung der Landwirtschaft

Die für die Landwirtschaft entscheidenden **Produktionsfaktoren** sind **Land** (Fläche), **Arbeitskraft** und **Kapital**. Diese unterliegen in den entwickelten Volkswirtschaften zwar einem Bedeutungswandel (siehe Kap. 3.1),

Landwirtschaftliche Produktionsfaktoren

doch entscheidet die jeweilige Ausprägung dieser Faktoren maßgeblich über die konkrete Ausgestaltung der Betriebsziele und der Betriebsorganisation. Bei knapper Fläche und genügend Arbeitskräften kann die Anlage von Intensivkulturen sinnvoll sein, sofern auch die sonstigen Voraussetzungen (Bodenqualität, Vermarktungsmöglichkeiten) gegeben sind. Bei großer Fläche und knappem Arbeitskräftebesatz sind extensive oder weitgehend mechanisierte Betriebssysteme wahrscheinlich. Zieht man die natürlichen Grundlagen hinzu, so ergibt sich eine sehr große Zahl von möglichen Faktorenkombinationen. Darin liegt die Ursache für die **Vielfalt der Ausprägungen landwirtschaftlicher Betriebe**.

Bei der **landwirtschaftlichen Betriebsfläche** sind auch deren Lage und Größe sowie die Ausgestaltung der zur Verfügung stehenden Parzellen von besonderer Bedeutung (sog. „**innere Verkehrslage**"). Eine Zersplitterung der Fläche in viele kleine Teilstücke, ungünstige Flurformen sowie große Entfernungen zur Hofstelle führen zu Erschwernissen bei Bewirtschaftung und Transport. Damit stößt auch das Flächenwachstum von Betrieben an ökonomische Grenzen, weil bei zu großen innerbetrieblichen Entfernungen die Bewirtschaftung unrentabel wird.

Weitere Besonderheiten, die in der Agrarproduktion auftreten können, sind die Kuppelproduktion und die alternativen Verwendungsmöglichkeiten bei einzelnen Erzeugnissen. Bei der **Kuppelproduktion** werden zwei oder mehrere Produkte zwangsläufig in einem Produktionsverfahren erzeugt. So fallen beispielsweise bei der Haltung von Milchvieh immer auch Kälber an, die dann für die Rindermast Verwendung finden können. Aus Baumwollsamen, dem Nebenprodukt der Baumwollfasererzeugung, wird Pflanzenöl gewonnen. Eine **alternative Verwendungsmöglichkeit** liegt beim Getreide in der Verfütterung an das Vieh – eine Möglichkeit, die vor allem dann angewandt wird, wenn die Getreidepreise sehr niedrig sind.

1.3 Die Agrarwirtschaft in der Gesamtgesellschaft

1.3.1 Gesamtwirtschaftliche Bedeutung

Bedeutung des primären Wirtschaftssektors

In vorindustrieller Zeit war die Landwirtschaft der Grundpfeiler der Volkswirtschaften. Der weitaus größte Teil der Bevölkerung (bis zu 80%) war in der Primärproduktion tätig, wie dies in den weniger entwickelten Ländern noch heute der Fall ist. Gemäß der **Sektorentheorie** (FOURASTIE 1949) erfolgt mit zunehmendem Entwicklungsstand der Volkswirtschaft ein Erstarken anderer Wirtschaftssektoren – zunächst des sekundären, dann des tertiären Sektors (Abb. 1-5). In weit entwickelten Volkswirtschaften wie der Deutschlands sind derzeit nur noch etwa 2 % der Erwerbstätigen in der Landwirtschaft tätig, und ihr Beitrag zur Bruttowertschöpfung liegt sogar nur bei etwa 1 %.

Dabei handelt es sich zunächst lediglich um ein **Absinken der relativen wirtschaftlichen Bedeutung**, hinter der mögliche absolute Steigerungen der Wertschöpfung der Landwirtschaft unerkannt bleiben. So betrugen die Verkaufserlöse der deutschen Landwirtschaft im Jahr 2007 rund 36,3 Mrd. €. Der Bruttoproduktionswert des Textil- und Bekleidungsgewerbes lag mit

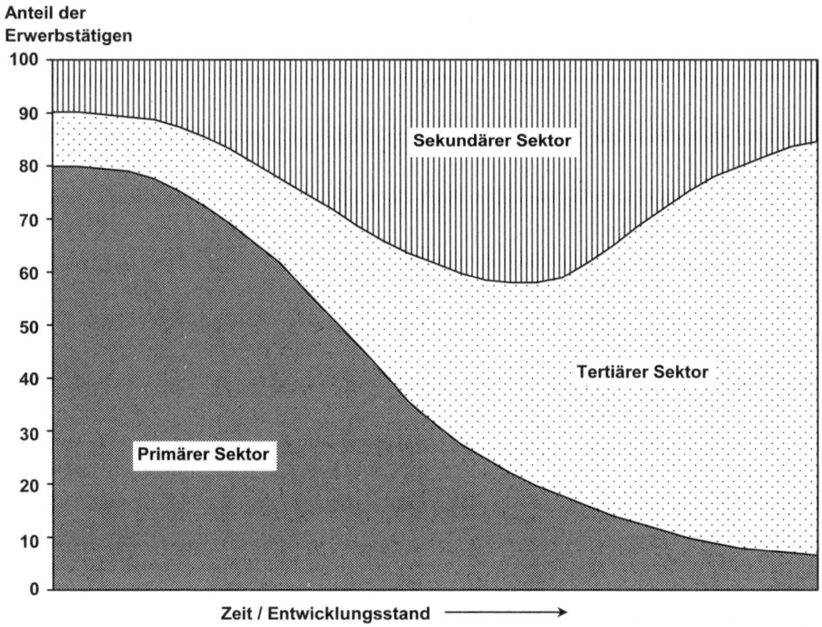

Abb. 1-5: Grundmodell des sektoralen Wandels (KULKE 2004, S. 24)

22,8 Mrd. € deutlich darunter, die gesamte Sparte Rundfunk-, Fernseh- und Nachrichtentechnik erlöste 53,9 Mrd. € und die Herstellung von Gummi- und Kunststoffwaren erbrachte 69,9 Mrd. € (STATISTISCHES BUNDESAMT 2009a, S. 372). Schon dieser Vergleich zeigt, dass die absolute wirtschaftliche Bedeutung der Landwirtschaft nicht unterschätzt werden sollte. Außerdem ist zu bedenken, dass die Landwirtschaft die Rohstoffe für den gesamten weiterverarbeitenden Sektor der Nahrungsmittelwirtschaft liefert und zudem auch Rohstoffe für Nicht-Nahrungszwecke (z. B. Faserpflanzen) erzeugt. Die Bruttowertschöpfung des Ernährungsgewerbes, das ohne die Zulieferung aus der Primärproduktion nicht existieren könnte, lag im Jahr 2007 mit 150,8 Mrd. € beträchtlich über den Werten der o.a. Vergleichssparten. Die Betrachtung der Primärproduktion allein vermittelt daher nur ein unzureichendes Bild und lässt die Bedeutung des Gesamtkomplexes der Agrarwirtschaft (im weiteren Sinne) nicht deutlich werden. Zudem trägt die Ernährungswirtschaft mit mehr als 7 % zu den deutschen Einfuhren und mit rund 5 % zu den deutschen Ausfuhren bei.

Nahrungsmittelwirtschaft

Daher bietet es sich an, die vor- und nachgelagerten sowie die beteiligten Wirtschaftsbereiche (z. B. Herstellung von Düngemitteln, Pflanzenschutz- und Futtermitteln, landwirtschaftliche Maschinen und Werkzeuge, Ernährungsindustrie, Lebensmittelhandel, Veterinärwesen) in die Betrachtung mit einzubeziehen. Die Bedeutung dieses sog. **Agribusiness** ist sehr viel größer. Das Agribusiness trug im Jahr 2000 (neuere Daten sind nicht verfügbar) zu etwa 15 % zum Produktionswert der Volkswirtschaft bei und hatte im Jahr 2005 einen Anteil von 10 % an den Erwerbstätigen (DEUTSCHER BAUERNVERBAND 2008, S. 13). In agrarischen Intensivgebieten oder stark auf die Ernährungsindustrie ausgerichteten ländlichen Räumen können die Werte sogar noch beträchtlich höher sein.

1.3.2 Sonderstellung innerhalb der Gesamtwirtschaft

Landwirtschaft in Industriegesellschaften

Insgesamt wird der Landwirtschaft in hoch entwickelten Gesellschaften häufig eine **Sonderstellung** zugemessen, deren Begründung aus tatsächlichen oder vermeintlichen Benachteiligungen im Wirtschaftsgeschehen abgeleitet wird (PLATE/WOERMANN 1962, S. 10). Während die industrielle Wirtschaft durch technologischen Fortschritt und Produktinnovationen immer neue und hochwertige Erzeugnisse auf den Markt bringen und auch die Nachfrage nach diesen generieren kann (das Handy mit seinen vielfältigen neuen Funktionen ist ein gutes Beispiel dafür), hat die Landwirtschaft diese Möglichkeiten nicht. In hoch entwickelten Volkswirtschaften steigt die Nachfrage nach Nahrungsmitteln kaum noch an und wenn, dann überwiegend unter dem Einfluss des Bevölkerungswachstums. In stagnierenden oder gar schrumpfenden Gesellschaften stößt eine wachsende Agrarproduktion an relativ eng gezogene Grenzen des Absatzes (man kann sich nicht mehr als satt essen). Für überschüssige Mengen von Agrarerzeugnissen müssen dann Exportmärkte erschlossen werden. Zudem geht nach dem „Engel'schen Gesetz" mit steigendem Pro-Kopf-Einkommen der Anteil der Nahrungsmittelausgaben an den gesamten Konsumausgaben zurück (Abb. 1-6; HENRICHSMEYER/WITZKE 1991, S. 31), wodurch sich der **Agrarsektor weniger dynamisch** entwickelt als andere Wirtschaftssektoren.

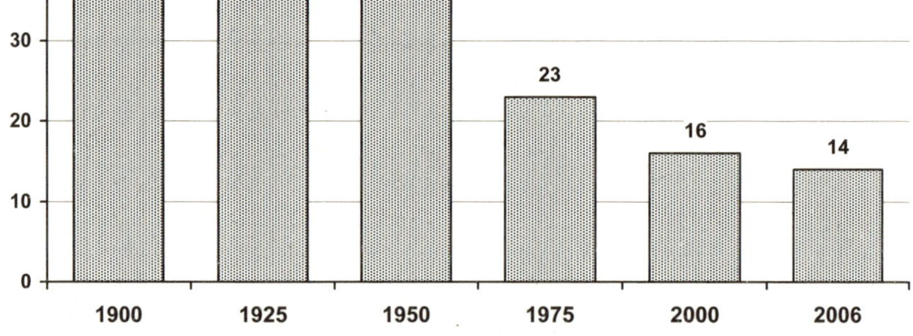

Abb. 1-6: Anteil der Nahrungsmittel (einschl. Genussmittel) an den Ausgaben zum privaten Verbrauch in Deutschland (1900–2006), Angaben in % (DEUTSCHER BAUERNVERBAND: SITUATIONSBERICHT 2002, S. 31; 2008, S. 17)

Der Agrarsektor in der Gesamtwirtschaft

Hinzu kommt, dass der technische Fortschritt in der industriellen Fertigung zahlreiche Möglichkeiten der Produktivitätssteigerung eröffnet, wodurch die Löhne sehr stark angehoben werden konnten, wie am Beispiel Deutschlands gezeigt werden kann (Tab. 1-1). Die Landwirtschaft stellt dagegen überwiegend eine „**einfache Warenproduktion**" (RATHKE-HEBELER 1988, S. 85) dar, wobei die Besonderheiten der natürlichen Produktionsgrundlagen (siehe Kap. 1.2) den technischen und organisatorischen Fortschritt in der Agrarproduktion begrenzen. Neben den Abhängigkeiten von Klima, Wachstumsdauer u.a.m. sind beispielsweise in der Tierhaltung auch Rücksichtnahmen aus Gründen des Tierschutzes geboten.

Tab. 1-1: Entwicklung der Arbeitslöhne und Preise für landwirtschaftliche Erzeugnisse in Deutschland (1950–2000) (DEUTSCHER BAUERNVERBAND: SITUATIONSBERICHT, versch. Jgg.; AGRIMENTE, versch. Jgg.; STAT. JAHRBUCH ÜBER ERNÄHRUNG, LANDWIRTSCHAFT UND FORSTEN, versch. Jgg.)

Jahr	Arbeitslöhne[1] (€/Stunde)	Eier[2] (€/kg)	Weizenpreis[2] (€/kg)	Schweinepreis[3] (€/kg)
1950	0,65	1,58	0,17	1,24
1960	1,27	1,67	0,21	1,23
1970	2,68	1,27	0,20	1,12
1980	5,51	1,53	0,26	1,40
1990	8,12	1,30	0,19	1,18
2000	11,36	1,34	0,12	1,22

[1] Nettostundenverdienst eines Industriearbeiters
[2] Erzeugerpreis einschließlich Mehrwertsteuer
[3] Schweine lebend

Anpassungsprobleme

Die **Problemlage** der Landwirtschaft in hoch entwickelten Gesellschaften resultiert nun aus diesen Einschränkungen einerseits und ihrer **Einbindung in das industrielle Gesamtsystem** andererseits. Die Primärproduzenten sind in hohem Maße mit den vor- und nachgelagerten sowie benachbarten Wirtschaftsbereichen (z.B. Dienstleister) verflochten (Abb. 1-7), und teilweise von diesen abhängig. Bezieht die Landwirtschaft „Vorleistungen" wie Maschinen, Geräte oder Pflanzenschutzmittel, oder nimmt Dienstleistungen in Anspruch, so muss sie indirekt die in diesen Branchen üblichen hohen Löhne mitbezahlen, die sich in den Preisen für diese Produkte niederschlagen. Die Preise jedoch, die die Erzeuger für ihre landwirtschaftlichen Produkte erhalten, haben sich dagegen weitaus weniger positiv entwickelt, in vielen Fällen sind sie seit Jahrzehnten nicht angestiegen oder haben sich sogar verringert (siehe Tab. 1-1). Diese **Kostenschere** zwischen den Produktionsmitteln und den Erlösen für landwirtschaftliche Erzeugnisse bewirkt für den einzelnen Primärproduzenten einen **Zwang zur Produktionssteigerung**, um über die gesteigerten Mengen seine Existenz zu sichern.

Zur Schwächung der Stellung der Landwirtschaft hat auch beigetragen, dass immer zahlreichere Funktionen aus der Landwirtschaft ausgelagert worden sind, beispielsweise früher übliche Verarbeitungsschritte der erzeugten Produkte. Somit ist die Landwirtschaft ein **schrumpfender Sektor**,

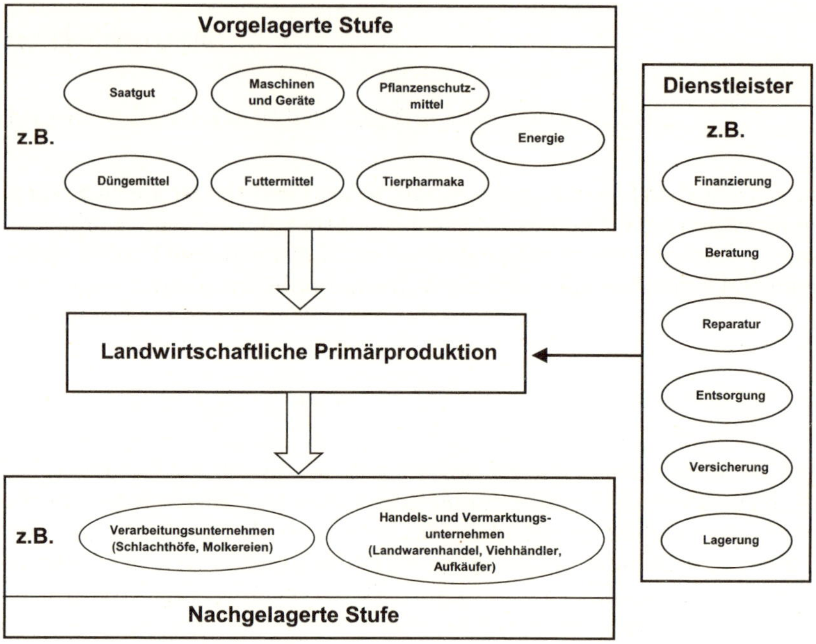

Abb. 1-7: Die Stellung der landwirtschaftlichen Erzeuger im Agrarsystem (nach SPIELMANN 1989, S. 15, verändert)

der sich gegenüber der Gesamtwirtschaft in einem **passiven Anpassungsprozess** befindet.

Aufgrund der so konstatierten natürlichen und wirtschaftlichen **Unterlegenheit der Landwirtschaft** gegenüber den anderen Wirtschaftssektoren wurden in den meisten entwickelten Volkswirtschaften **Stützungsmaßnahmen** eingeführt, um ein Zurückfallen im Wettbewerb und eine soziale Verelendung der Landwirte zu verhindern. In Deutschland ist dafür eine wesentliche Grundlage das Landwirtschaftsgesetz von 1955, das die Grundlage für zahlreiche Fördermaßnahmen und Begünstigungen für die Landwirtschaft schuf. Dieses Gesetz verpflichtet die Bundesregierung auch, dem Deutschen Bundestag jährlich einen **agrarpolitischen Bericht** vorzulegen, in dem die Lage der Landwirtschaft und die ergriffenen Maßnahmen der Politik dargestellt werden. Von 1956 bis 1970 erschienen diese Darstellungen unter den Bezeichnungen „Grüner Bericht" und „Grüner Plan", danach zusammengefasst als „Agrarbericht" und ab 2002 als „Ernährungs- und agrarpolitischer Bericht". Darin wird auch versucht, die Einkommenssituation und -entwicklung der Landwirte mit denen von Arbeitnehmern zu vergleichen und so ihre soziale Lage abzuschätzen. Interessenvertreter der Landwirtschaft beklagen regelmäßig eine **Einkommensdisparität** zuungunsten der Landwirte und leiten daraus die Forderung nach weiteren Stützungsmaßnahmen ab. Methodisch sind derartige Einkommensvergleiche jedoch kritisch, da die Einkommen von Selbständigen (Landwirte) mit den Löhnen von Arbeitnehmern verglichen werden, also von zwei verschiedenen sozialen Gruppen mit ganz unterschiedlichen Lebensverhältnissen (PRIEBE 1985, S. 189).

Deutschland: Agrarbericht

1.3.3 Veränderte Sozialstruktur und politische Bedeutung

Aber auch innerhalb der Landwirtschaft haben sich in den vergangenen Jahrzehnten die gesamten Strukturen, Größenordnungen und teilweise auch die Organisationsformen gravierend verändert (siehe Kap. 3.1). So ist eine zunehmende **Orientierung der Landwirte am Markt** erfolgt, **unternehmerisches Denken** hat sich durchgesetzt, und die Betriebe werden zumeist professionell und teilweise hoch spezialisiert geführt. Diese stark intensivierte Ausrichtung und die teilweise neuen Organisationsformen stoßen nun aber auf veränderte gesellschaftliche Rahmenbedingungen und einen Einstellungswandel in der Bevölkerung. So haben sich durch den gesamtwirtschaftlichen Wandel auch die Sozialstruktur des ländlichen Raumes und die **politische Bedeutung der Landwirte** verändert. Früher waren sie die dominierende oder zumindest eine starke und auch lokalpolitisch gewichtige Sozialgruppe in den Dörfern, heute stellen sie nur noch eine kleine Minderheit dar. Somit haben sie zunehmend Probleme, ihre Interessen durchzusetzen, hat sich doch ihr **politisches Gewicht** lokal und national sehr **reduziert**. Die Auswirkungen spüren sie in den Dörfern, wenn Einwände gegen beabsichtigte Stallbauten oder Beschwerden über Geruchsbelästigungen aus der Tierhaltung eingehen. Häufig sind es Zuzügler aus eher städtisch geprägten Räumen, die in den Dörfern die neue Mehrheit bilden und für die Produktionsnotwendigkeiten der verbliebenen Landwirte wenig Verständnis aufbringen und damit Konflikte auslösen.

Marktorientierung

Bedeutungswandel

Der Einstellungswandel in der Bevölkerung äußert sich in einer zunehmend kritischen Betrachtungsweise gegenüber den modernen Methoden der Landbewirtschaftung, insbesondere dem Einsatz von großen Maschinen, gegenüber der Bodennutzung (z.B. Monokulturen), gegenüber gentechnisch veränderten Produkten sowie bestimmten Formen der Tierhaltung. Außerdem ist die Öffentlichkeit sehr stark für Umweltprobleme sensibilisiert. Die Versorgung der Bevölkerung zu möglichst großen Teilen aus heimischer Produktion, die früher als besonders wichtig erachtet wurde, wird heute dagegen nicht mehr so hoch geschätzt. Damit verlieren auch die althergebrachten Begründungen für gezahlte Subventionen an Wirkung. In der postindustriellen Gesellschaft lassen sich produktionsgebundene Zahlungen nur noch schwer rechtfertigen. Dagegen finden heute Zahlungen für ökologische Leistungen oder die Bewahrung und **Pflege der Kulturlandschaft** eher eine Akzeptanz der Öffentlichkeit.

In den **weniger entwickelten Ländern** liegen dagegen gänzlich andere Problemlagen vor. Dort ist nach wie vor ein großer Anteil der Bevölkerung in der Landwirtschaft tätig, vielfach jedoch nicht für die Markt- sondern zur **Selbstversorgung**. Das Produktivitätsniveau liegt sehr viel niedriger, und häufig ist die Versorgung der Bevölkerung mit Nahrungsmitteln nicht gewährleistet. Zudem mangelt es an **Kaufkraft** zum Erwerb der erzeugten Waren.

2 Akteure und Einflussfaktoren

2.1 Natürliche Einflüsse

Naturräumliches Potenzial

Nach wie vor haben **natürliche Einflüsse** große Bedeutung für die Agrarwirtschaft. Klima, Relief und Boden bieten landwirtschaftliche **Nutzungspotenziale**, setzen aber auch Begrenzungen. Die naturräumliche Eignung wird zusammen mit anderen Standortfaktoren bewertet und bildet einen Rahmen für die Entscheidungen der agrarwirtschaftlichen Akteure, die sich nach den jeweiligen betrieblichen Produktionszielen richten. Die großen Unterschiede in der naturräumlichen Ausstattung der Erdoberfläche und die spezifischen Ansprüche der einzelnen Pflanzen- und Nutztierarten ergeben ein differenziertes Muster an Handlungsoptionen in der Agrarwirtschaft, die stärker als andere Wirtschaftszweige natürlichen Einflüssen unterliegt. Insbesondere der **Pflanzenbau** ist trotz der beachtlichen technologischen Entwicklung weiterhin in erheblichem Maße an naturräumliche Standortfaktoren gebunden, während die **Tierhaltung** dank Stallbauten und Futterzufuhr einen breiteren Spielraum erlangt hat. Einerseits haben moderne Produktionsmethoden eine gewisse **Loslösung von naturräumlichen Zwängen** erlaubt, während andererseits marktwirtschaftliche Gesichtspunkte, gesunkene Transportkosten und Globalisierungsprozesse eine Konzentration der Produktion auf die jeweils am besten geeigneten Standorte begünstigen.

Eignungsraum

Das Pflanzenwachstum ist abhängig vom Angebot an Licht, Wärme, Wasser und Nährstoffen, das von den Landwirten im Rahmen der technischen und ökonomischen Möglichkeiten positiv beeinflusst wird. Günstige agrarwirtschaftliche Entwicklungsmöglichkeiten bieten Standorte, deren naturräumliche Ausstattung eine größere Breite an Produktionsrichtungen mit hoher Produktivität und Nachhaltigkeit bei geringen Risiken zulässt. Die Einstufung als Gunst- oder Ungunstraum ist jedoch nicht durch Naturfaktoren vorgegeben, sondern hängt von den konkreten Produktionszielen und der wirtschaftlichen Bewertung des natürlichen Potenzials im Vergleich zu anderen Räumen ab. Naturfaktoren sind letztendlich auch als Kostenfaktoren anzusehen. Auf Grenzertragsflächen kann der Kostenaufwand der Bewirtschaftung im Verhältnis zum erwarteten Ertrag zu hoch sein.

Biologische, technologische und organisatorische **Innovationen** ermöglichen eine verbesserte Nutzung der naturräumlichen Potenziale und Produktivitätssteigerungen, wie sie am Beispiel der Entwicklung der Weizenerträge deutlich werden (Abb. 2-1).

Naturräumliche Risiken und Anpassungen

Trotzdem ist die Abhängigkeit von Naturfaktoren immer noch beträchtlich: Im Ackerbau ist häufig ein bestimmter Fruchtwechsel notwendig, und Überschwemmungen, Dürren, Windbruch, Hagelschlag oder Spätfröste stellen erhebliche **Risiken** dar, denen sich auch die geographische Risikoforschung zuwendet. Der Anbau in Monokulturen und die Ausweitung agrarischer Nutzungen an ökologisch sensiblen Standorten erhöhen die Gefahren. Jede Klimazone weist spezifische natürliche Risikofaktoren und entsprechende Anpassungsformen der agrarischen Nutzung auf (Achenbach 1994). Von der Züchtung oder Einführung standortangepasster Sorten, so-

Abb. 2-1: Entwicklung des Weizenertrages weltweit (1961–2007) (FAO-DATENBASIS)

wie von der Gentechnik, werden Beiträge zur Reduzierung von naturräumlichen Risiken erwartet. Auch der moderne Pflanzenbau steht großenteils weiterhin unter dem **Einfluss natürlicher Wachstumsperioden und Zyklen**. So zeichnet sich beispielsweise die Baumkultur der Pistazie durch ein alternierendes Tragen aus, also durch einen charakteristischen jährlichen Wechsel starker und schwacher Ernten (Abb. 2-2).

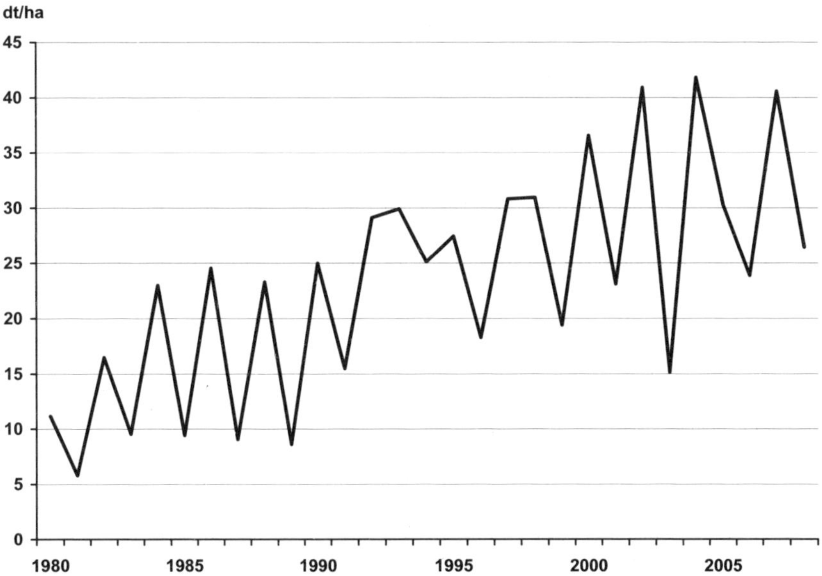

Abb. 2-2: Alternanz der Erträge im Pistazienanbau in Kalifornien (KLOHN 2005b, S. 113; nach USDA, versch. Jgg., verändert)

Ähnliche Phänomene treten auch bei anderen Dauerkulturen wie den Oliven im Mittelmeerraum oder den heimischen Äpfeln auf und sind durch gezielte Sortenwahl und anbautechnische Maßnahmen (z.B. Schnitt der Bäume) nur eingeschränkt kontrollierbar. Manche Nutzpflanzen haben einen Bedarf an winterlichen Kältestunden, benötigen eine trockene Witterung während der Reifezeit oder bevorzugen einen bestimmten pH-Wert im Boden. Der Einfluss von Naturfaktoren zeigt sich auch in der Qualität von Weideflächen, der möglichen Intensität der Beweidung und der Verbreitung einiger Viehkrankheiten. Als bekanntes Beispiel ist die Seuchenübertragung durch die Tsetsefliege zu nennen, welche im feuchttropischen Afrika eine Großviehhaltung erschwert oder sogar unmöglich macht.

2.1.1 Naturräumliche Grenzen agrarischer Nutzung

Grenzen landwirtschaftlicher Nutzung

Aus agrargeographischer Perspektive unterschied OTREMBA (1960, S. 79ff.) sechs natürliche **Anbau- oder Nutzungsgrenzen**, nämlich Meeresgrenzen, Polargrenzen, Trockengrenzen, Höhengrenzen, Grenzen gegen den Wald und Nassgrenzen, daneben aber auch wirtschaftliche Grenzen der Landnutzung. Die Nutzungsgrenzen sind weder statisch, noch sind sie als scharfe Linien ausgeprägt. Sie können zwischen geschlossenen Verbreitungsarealen und isolierten Vorkommen als breiter Grenzsaum betrachtet werden, in welchem sich die **effektive Anbaugrenze** in einem veränderlichen Abstand zur **Rentabilitätsgrenze** und zur **biologischen Grenze** der jeweiligen Kulturpflanzen bewegt. DAHLKE (1976) hat die Entwicklungsphasen und räumlichen Verschiebungen des Weizenanbaus an der agronomischen Trockengrenze im Südwesten Australiens eindrucksvoll dokumentiert und die komplexen Zusammenhänge im sich wandelnden Faktorengefüge aus naturräumlichen Bedingungen (Niederschläge, Böden), Verkehrserschließung, Transportkosten, Verbesserungen der Farmtechniken und Weltmarktpreisen herausgearbeitet. Die Möglichkeiten, die Variabilität einzelner Faktoren durch die Verstärkung anderer auszugleichen, bestimmen den Spielraum und den Erfolg der Weizenfarmer in der Nähe der Rentabilitätsgrenze innerhalb eines breiten Grenzgürtels.

Verschiebung von Nutzungsgrenzen

Vor dem Hintergrund der Diskussion um Bevölkerungswachstum und Nahrungsspielraum setzt sich EHLERS (1984) mit der **Dynamik der Nutzungsgrenzen** auseinander und gibt einen Überblick zu deren weltweiter Entwicklung. Unterschiedliche demographische und wirtschaftliche Strukturen und Entwicklungen bewirken entweder Tendenzen zur Expansion landwirtschaftlicher Nutzflächen (vornehmlich in Entwicklungsländern), oder zur Kontraktion der Nutzflächen in Verbindung mit einer Nutzungsintensivierung (vornehmlich in Industrieländern). In Europa folgten seit dem Mittelalter verschiedene Phasen der Ausweitung und auch der Schrumpfung agrarwirtschaftlich genutzter Flächen aufeinander. Zur Steigerung der Nahrungsmittelproduktion wurden auch entlang der Feuchtgrenzen und Meeresgrenzen neue Agrarflächen gewonnen. Zu nennen sind dabei die Entwässerung von Feuchtgebieten (z.B. Moorkultivierung in Norddeutschland, Bonifikation in Italien) und die Neulandgewinnung an Küsten (z.B. Polder in den Niederlanden, Umwandlung von Mangroven an tropischen

Küsten). Gegenwärtig sind dynamische Prozesse sowohl der spontanen als auch der staatlich gelenkten **Agrarkolonisation** vor allem an den Rändern tropischer Regenwälder zu beobachten. Die agrarwirtschaftliche Erschließung dieser Gebiete ist mit erheblichen ökologischen Problemen und sozialen Konflikten verbunden.

In Gebirgsräumen zeigt die zeitliche Dynamik der **Höhengrenzen und Höhenstufen** agrarischer Nutzungen, dass neben ökologischen Bedingungen vor allem auch anthropogeographische Einflussfaktoren eine maßgebliche Rolle spielen, wie etwa die gesamtwirtschaftlichen Rahmenbedingungen, technologische Entwicklungen und die Zugänglichkeit der Gebirgsstandorte (GRÖTZBACH 1985). Aus Schweizer Alpentälern wird berichtet, dass Bauern ihre verschneiten Nutzflächen im Frühling mit Ruß, Asche und beigegebener Erde überstreuten, um den noch verbliebenen Schnee möglichst rasch wegzutauen und damit die kurze Vegetationszeit zu strecken (BROCKMANN-JEROSCH 1934, S. 221). Inzwischen tritt in weiten Teilen der Alpen die Landwirtschaft ganz in den Hintergrund, und der Schnee wird nicht mehr als agrarwirtschaftliches Hemmnis, sondern als touristisch begehrte Ressource bewertet, sodass Schneekanonen zur Verlängerung der Schneebedeckung eingesetzt werden (BÖRST 2008, S. 44).

Spezifische Anbaugrenzen

Auch die **Grenzen des Anbaus einzelner Kulturpflanzen** unterliegen zeitlichen Schwankungen. Besonders gut untersucht ist die Entwicklung der nördlichen Weinbaugrenze in Europa, die nur durch ein komplexes Ursachengefüge und das Zusammentreffen verschiedener natürlicher und anthropogener Faktoren innerhalb und von außerhalb der Anbaugebiete erklärbar ist (WEBER 1980). Jede Kulturpflanze stellt charakteristische Ansprüche an die naturräumlichen Bedingungen (Optimum und Grenzwerte der Temperatur und des Niederschlagsangebots, Jahreszeiten, Länge der Vegetationsperiode etc.). In den Tropen und Subtropen steht den Menschen eine außerordentliche Vielzahl an Kulturpflanzen zur Verfügung (REHM/ESPIG 1996). Standorte in der Nähe des agrarökologischen Optimums bieten wirtschaftliche Vorteile und geringe Risiken. Nahe der Kältegrenze oder der Trockengrenze des Ackerbaus stehen nur wenige Nutzpflanzenarten und besonders angepasste Sorten zur Auswahl. Auch in der Tierhaltung sind bestimmte genügsame Arten an die harten Bedingungen in Grenzräumen angepasst (z. B. Rentier, Dromedar).

Ein eindrucksvolles Beispiel der räumlichen Abgrenzung des **Verbreitungsareals** einer Nutzpflanze durch verschiedene klimatische Faktoren stellt der Ölbaum dar (Abb. 2-3). Die an den mediterranen Jahresgang von Niederschlag und Temperatur besonders gut angepasste Dauerkultur, die weder feuchte Sommer noch kalte Winter verträgt, ist weitestgehend auf den Mittelmeerraum beschränkt, wo auch der wilde Ölbaum in der natürlichen Vegetation bereits weit verbreitet war. Da die Ölbaumgrenze natürliche und kulturelle Bezüge miteinander vereint, wird sie auch zur Abgrenzung des Mittelmeerraumes herangezogen (ROTHER 1993, S. 17).

Naturräumliche Einflussfaktoren und Grenzen spielen in aktuellen agrargeographischen Betrachtungen weiterhin eine Rolle. Die Industrialisierung der Landwirtschaft und die Ausweitung oder Intensivierung der Landnutzung selbst auf marginalen Standorten haben zu zahlreichen Problemen der Überbeanspruchung natürlicher Ressourcen und damit zusammenhängen-

Probleme der Landnutzung

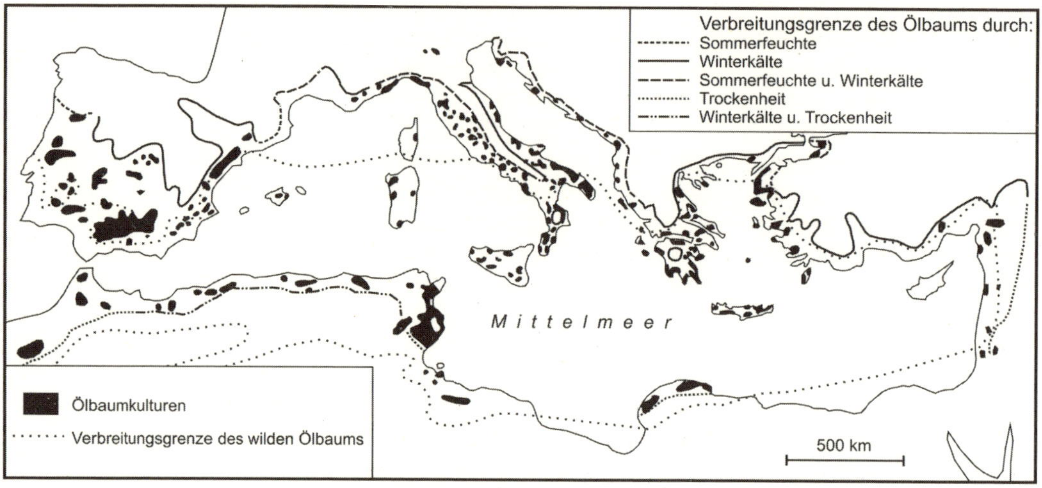

Abb. 2-3: Verbreitung und Anbaugrenzen des Ölbaums im Mittelmeerraum (nach ROTHER 1993, BIROT 1964, RICHTER 1989, ZOHARY 1995)

den **Nutzungskonflikten** geführt. Vor dem Hintergrund der Nachhaltigkeitsdiskussion kommt der Erhaltung der natürlichen Grundlagen durch angepasste Formen der Agrarwirtschaft verstärkte Aufmerksamkeit zu, auch im Rahmen einer problemorientierten Analyse der **Mensch-Umwelt-Beziehungen**. Betrachtungsansätze der Politischen Ökologie (KRINGS 2008) hinterfragen die Wahrnehmung, Nutzung und Veränderung der Umwelt durch verschiedene Akteure und die Entstehung von Konflikten um knappe natürliche Ressourcen vor dem Hintergrund politischer Rahmenbedingungen und Machtkonstellationen.

2.1.2 Klimatische Einflüsse

Bedeutung klimatischer Einflüsse

Im Pflanzenbau haben klimatische Einflüsse eine grundlegende Bedeutung und sind vom Menschen nur teilweise veränderbar. Bestimmte Ausprägungen des betrieblichen Arbeitskalenders und Kombinationen verschiedener Nutzungen (Pflanzenbau-Viehhaltung, Fruchtfolgen, Mischkulturen) können Antworten auf klimatische Bedingungen sein. Das pflanzliche Wachstum ist angewiesen auf ein ausreichendes Angebot an **Licht**, das von der Lage des Anbaugebietes (geographische Breite, Höhenlage, Exposition der Hänge) und von der Bewölkung abhängt. In den Trockengebieten besteht das höchste Lichtangebot, aber es fehlt an Wasser. Entscheidend für die Beurteilung von Nutzungsmöglichkeiten ist also erst die **Kombination verschiedener Klimafaktoren**, die außerdem im Zusammenhang mit anderen Kostenfaktoren (Löhne, Transportkosten, Zölle, Subventionen) zu bewerten sind. Auch die spezifischen Ansprüche der Kulturpflanzen an **Temperatur** und **Niederschlag** müssen erfüllt sein. Wichtiger als die Höhe des mittleren Jahresniederschlags sind dessen jahreszeitliche Verteilung und Variabilität (interannuell und während der Vegetationszeit), sowie die Größenordnungen von Niederschlagsintensität, Oberflächenabfluss und Verdunstung. **Winde** können den Wasserbedarf von Nutzpflanzen erhöhen, trockenes Bodenmaterial verwehen (Deflation) oder durch hohe Windstärken zu Schäden führen. Vor allem in Küstengebieten ist häufig ein Windschutz notwendig. Abseits des klimatischen Optimums der Nutzpflanzen entscheiden **mikroklimatische Unterschiede** über Erfolg und Misserfolg des Anbaus (z.B. Weinbau in wärmeren Hanglagen). Die räumliche Beweglichkeit der Herden ermöglicht es einer extensiven Viehhaltung, auch Extremstandorte zu nutzen, die für den Pflanzenbau nicht geeignet sind.

Klimatische Risiken

In den feuchten Tropen erleichtern das ganzjährige Wachstum und die Steuerung des Erntezeitpunktes eine zeitliche Anpassung der landwirtschaftlichen Produktion an die Nachfrage der Märkte, und sogar mehrere Ernten pro Jahr sind möglich. In anderen Klimazonen geben thermische oder hygrische **Jahreszeiten** die **Vegetationsperioden** in der Landwirtschaft vor und erfordern z.T. eine Lagerhaltung von Agrarprodukten. **Trockenzeiten** und **Fröste** stellen Begrenzungen dar, die aber mit einem entsprechenden technischen und ökonomischen Aufwand abgeschwächt werden können (z.B. Frostschutz durch Beregnung oder Ventilatoren). Preisanreize vermögen eine Ausweitung der Produktion auch außerhalb der Gebiete optimaler naturräumlicher Voraussetzungen auszulösen. Die durch wirtschaftliche und politische Impulse angeregte räumliche Verlagerung des Kaffeeanbaus in Brasilien führte zu weit in frostgefährdete Gebiete im Bundesstaat Paraná hinein, sodass nach stärkeren Frostschäden wieder ein Rückzug der effektiven Anbaugrenze nach Norden in klimatisch günstigere Gebiete hinein erfolgte (Kohlhepp 1976).

Beeinflussung des Mikroklimas

In Intensivkulturen kann sich eine aufwendige Beeinflussung der mikroklimatischen Bedingungen wirtschaftlich lohnen. In früheren Jahrhunderten haben eng begrenzte Transportmöglichkeiten den Handel mit leicht verderblichen Agrarprodukten behindert, sodass für begehrte und gut bezahlte Waren eine begrenzte Produktion an Standorten weitab des klimatischen Optimums erfolgte (z.B. Orangerien in Europa). Infolge der europäischen Nachfrage nach exotischen Früchten, deren Verderblichkeit aber keinen langen Seetransport zuließ, hat sich seit Mitte des 19. Jh. auf der Azoreninsel São Miguel der Anbau von Ananas in **Gewächshäusern** entwickelt. An diesem vorgeschobenen Standort jenseits der biologischen Anbaugrenze der tropischen Ananaspflanze wurden die Wachstumsbedingungen durch Kalkung der Glasdächer, Belüftung und künstliche Beheizung sowie arbeitsaufwendige Vorbereitung des Bodens in den Gewächshäusern genau reguliert und der Marktbelieferung zu Weihnachten optimal angepasst (Voth 1997, S. 94ff.). Der Anbau auf den Azoren war allerdings nur so lange rentabel, wie die Ananasfrüchte aus tropischen Anbaugebieten Europa schlecht erreichen konnten, der portugiesische Markt vor Importen geschützt wurde oder Subventionen zur Unterstützung der Betriebe zur Verfügung standen.

2.1.3 Die agrarwirtschaftliche Bedeutung von Relief und Böden

Die großräumig wirksamen klimatischen Einflüsse auf die Landwirtschaft werden durch **kleinräumige Unterschiede** des Reliefs und der Böden über-

Bedeutung der Oberflächenformen

prägt. Das **Relief** ist hinsichtlich seiner vielfältigen Einflüsse auf das Klima und Mikroklima (Luv- und Leelagen, Exposition zur Sonne, Bildung von Kaltluftseen etc.), auf die Böden (Bodenbildung, Verlagerung) und auf das Wasser (Oberflächenabfluss, Versickerung) von erheblicher Bedeutung für die Wahl landwirtschaftlicher Nutzungen. Gunststandorte befinden sich vorwiegend in wenig geneigtem Gelände, in Tiefebenen, Küstenstreifen, Becken, Hochflächen und Talsohlen. Die stärkere **Hangneigung** in Bergländern oder engen Tälern schränkt die landwirtschaftlichen Nutzungsmöglichkeiten ein und behindert die Mechanisierung. Künstlich angelegte **Terrassen** verringern Oberflächenabfluss und Erosion, verbessern die Böden, erleichtern die Arbeitsgänge in Hanglagen und ermöglichen eine Bewässerung. Bekannt sind aufwendige Terrassierungen z. B. im Weinbau an Rhein und Mosel oder aus den Reisbaulandschaften Südostasiens. In südspanischen Küstengebieten werden sogar Flächen in den Fels hineingesprengt, um Platz für die Anlage weiterer Gewächshäuser für Wintergemüse zu schaffen. Das Relief beeinflusst auch die Möglichkeiten der **Bewässerung** und der Speicherung von Oberflächenwasser. Vor allem in semiariden Gebieten haben Gebirge eine besondere Bedeutung für die Wasserversorgung der Landwirtschaft bis weit in das Vorland hinein. Moderne Bewässerungstechniken (Kap. 3.4.3) erleichtern eine Bewässerung auch in hügeligem Gelände.

Landwirtschaft im Gebirge

Die **Höhengrenzen** im Pflanzenbau sind vornehmlich Kältegrenzen, werden aber von zahlreichen anthropogenen Faktoren bestimmt. In tropischen Gebirgen bestehen für viele Nutzpflanzen sowohl Obergrenzen als auch Untergrenzen des Anbaus (z. B. Hochland-Kaffee). Außerhalb einer bestimmten Höhenstufe ist der Anbau ökologisch unangepasst, nicht rentabel oder nicht konkurrenzfähig gegenüber anderen Nutzungen. In den Tropen sind oftmals gerade Gebirgsregionen dicht besiedelt und stellen mit ihren vielfältigen landwirtschaftlichen Nutzungsmöglichkeiten einen wichtigen Beitrag zur Versorgung mit Agrarprodukten dar. In extremen Höhenlagen stehen jedoch nur wenige Kulturpflanzen zur Verfügung. Als regional bedeutsame traditionelle Nahrungspflanze erreicht der Anbau von Quinoa (*Chenopodium quinoa;* auch Inkareis oder Andenhirse genannt) im Hochland der Anden Höhen von über 4.000 Metern. Wegen ihrer Bedeutung in der Ernährungssicherung und ländlichen Entwicklung sowie ihrer ökologischen Risiken ist die Landwirtschaft tropischer Gebirgsregionen ein wichtiges Arbeitsfeld der Entwicklungshilfe.

Aus vielen Gebirgen der Erde ist eine komplementäre landwirtschaftliche Nutzung verschiedener Höhenstufen bekannt, sowohl im Pflanzenbau als auch in der Tierproduktion. Die saisonalen Wanderungen von Viehherden ermöglichen die Nutzung des Futterangebots sich ergänzender Flächen mit unterschiedlicher naturräumlicher Ausstattung. In der **Almwirtschaft** erfolgt eine jahreszeitliche Wanderung des Viehs über verschiedene Höhenstufen, sodass die Beweidung der hoch gelegenen Almen mit dem Ackerbau in den Tälern kombiniert werden kann. In der **Transhumanz** haben die Herden größere Entfernungen zwischen den Sommerweiden im Gebirge und den Winterweiden der Ebenen zu überwinden, z. B. auf ihren traditionellen Routen im Mittelmeerraum.

Hinsichtlich ihrer Möglichkeiten zur Modernisierung, Intensivierung und Produktivitätssteigerung ist die **Gebirgslandwirtschaft** gegenüber der Agrarproduktion anderer Standorte stark benachteiligt und durchläuft in den Industrieländern Extensivierungs- oder sogar Wüstungsprozesse. Die Erwirtschaftung von Einkommen im Tourismus erscheint attraktiver als die harte Arbeit auf meist zu kleinen landwirtschaftlichen Nutzflächen in Steillagen und unter rauen klimatischen Bedingungen in entlegenen Tälern. Unter Gesichtspunkten der Multifunktionalität der Landwirtschaft, insbesondere der Erhaltung der Kulturlandschaft, wird in den Alpen das verbliebene Bergbauerntum gezielt gefördert, aber mit regional unterschiedlichen Ansätzen und Erfolgen. Während in einigen Gebieten der Alpen die landwirtschaftliche Nutzung sich auf die günstigen Tallagen konzentriert hat, werden in anderen gerade die agrarökologisch ungünstigen Extremlagen nur dank hoher **Subventionen** weiterhin bewirtschaftet, sodass Börst (2008, S. 44) für das Lötschental in der Schweiz zugespitzt formuliert: „Je höher eine Parzelle liegt, je steiler sie ist, um so extensiver sie bearbeitet wird, desto größer ist heute der Gewinn!"

Multifunktionale Gebirgslandwirtschaft

Die Kenntnis, Erhaltung und Verbesserung der **Böden** ist von grundlegender Bedeutung für eine nachhaltige Landbewirtschaftung. Während in den wechselfeuchten Tropen Knappheit und/oder Variabilität der Niederschläge entsprechende Anpassungen der Landwirtschaft verlangen und eine Übernutzung der natürlichen Ressourcen leicht zur **Desertifikation** führt, sind in den immerfeuchten Tropen die Böden der begrenzende Faktor. Aufgrund der tiefgründig verwitterten, nährstoffarmen Böden, auf denen selbst künstliche Düngung keine durchgreifende Wirkung zeigt, sieht Weischet (1977) eine **ökologische Benachteiligung der feuchten Tropen** gegeben. Besonders fruchtbare Böden stellen hier die Ausnahme dar und werden entsprechend intensiv genutzt (junge nährstoffreiche Sedimente, vulkanisches Material, kalkreiches Ausgangsgestein, Bergländer). Weischets These räumt mit den Vorstellungen großer Fruchtbarkeit und Tragfähigkeit der tropischen Waldregionen auf und fordert zur entwicklungspolitischen Berücksichtigung der naturräumlichen Eigenheiten und zur Suche nach angepassten Anbaupraktiken heraus (Scholz, F. 2004, S. 130). Auf das Problem des schnellen Ertragsrückgangs durch Erschöpfung der im Boden enthaltenen Nährstoffe hat der Mensch unterschiedliche Antworten gefunden, die von den langen Brachezyklen des Wanderfeldbaus bis hin zu komplexen agroforstlichen Nutzungssystemen oder zum intensiven Nassreisanbau reichen.

Standortfaktor Boden

Probleme tropischer Böden

Eine **Beeinflussung des Bodens** zur Verbesserung der Produktionsbedingungen ist möglich, aber oft mit hohen Kosten verbunden (z. B. Drainage). Der Einsatz moderner Agrartechnik erlaubt sogar eine vollständige Loslösung von der natürlichen Bodengrundlage. Produkte mit hohem Verkaufswert (z. B. Schnittblumen, frühe Erdbeeren) können inzwischen in Gewächshäusern auf Gestellen in künstlichem Substrat erzeugt werden.

2.2 Anthropogene Einflüsse

Die anthropogenen Einflüsse auf die Landwirtschaft reichen von kulturellen Traditionen über agrarsoziale und ökonomische Motive bis hin zu nationalen und internationalen politischen Entscheidungen und Regelungen. Entsprechend vielfältig sind die ihnen zugrunde liegenden Hintergründe. Aufgrund der übergroßen Vielzahl der Einflussfaktoren und ihrer regionalen Ausprägungen werden im Folgenden nur solche mit grundsätzlicher Bedeutung sowie einzelne exemplarische Beispiele vorgestellt. Auf die Einflüsse der Verbraucher und sonstiger Marktpartner der Landwirte wird dagegen in Kap. 2.3 eingegangen.

2.2.1 Kulturelle und rechtliche Einflüsse

Kulturelle Einflussfaktoren

Zu den **kulturellen Einflüssen** zählen religiös begründete **Nahrungstabus**, von denen das Verzehrverbot von Rindfleisch für Hindus, das Verbot von Schweinefleischverzehr für Juden und Moslems sowie das Alkoholverbot für Moslems die bekanntesten und bedeutsamsten sind. Sie sind für die nur schwach ausgeprägte Schweinehaltung in der arabischen Welt (Nordafrika, Mittlerer Osten) ebenso verantwortlich (siehe Abb. 3-10) wie für den dortigen geringen Umfang des Weinbaus. Die Meidung von Milch bei vielen Völkern, vor allem in Ost- und Südostasien, im südlichen Afrika und in Teilen Südamerikas, erfolgt dagegen aus physiologischen Gründen, da große Teile der Bevölkerung unter Laktoseintoleranz leiden, also im Erwachsenenalter nicht in der Lage sind, den in der Milch enthaltenen Milchzucker abzubauen und zu verdauen. Dementsprechend ist in diesen Regionen die Milchwirtschaft nur wenig verbreitet. Es gibt eine Fülle weiterer regionaler sozio-kulturell begründeter **Nahrungsverbote und -meidungen**, wobei sich diese überwiegend auf Fleisch und tierische Produkte beziehen, wohingegen Pflanzen in sehr viel geringerem Umfang betroffen sind (Fessler/Navarrete 2003).

Kulturelle Einflüsse sind auch feststellbar, wenn in einem Produktionszweig bestimmte soziale oder **ethnische Gruppen** dominieren. Beispielsweise besteht in Australien eine deutliche Bindung der mediterranen Gartenbaukulturen und des Weinbaus an südeuropäische, insbesondere aus Italien stammende, Einwanderer (Rother 1989). Auch **traditionelle Konsummuster** können einen erheblichen Einfluss auf die regionale Ausrichtung der landwirtschaftlichen Produktion haben. So hat beispielsweise der Reis in Südostasien eine herausragende Bedeutung als Grundnahrungsmittel. In anderen Gebieten der feuchten Tropen mit ähnlichen naturräumlichen Bedingungen breitet sich der Reisanbau jedoch nur eingeschränkt aus, da er an bestimmte Kenntnisse und kulturelle Präferenzen gebunden ist.

Rechtliche Einflussfaktoren

Die Gesamtheit der rechtlichen und institutionellen Rahmenbedingungen für die Landwirtschaft wird traditionell als **Agrarverfassung** bezeichnet. Dazu gehören neben dem formellen Recht auch Sitten und Gewohnheiten (Henrichsmeyer/Witzke 1991, S. 40). Von besonderer Bedeutung ist das **Recht des Bodeneigentums**, da es die Verfügungsgewalt oder auch Verfügungseinschränkungen über diesen unverzichtbaren Produktionsfaktor regelt. So kann der Boden Staatseigentum, Kollektiveigentum oder Privateigentum sein, was weitreichende Auswirkungen auf die Bewirtschaftung und die Entscheidungsfreiheit des Bewirtschafters hat. Auch überlieferte Rechtsnormen wie **Erbsitten und Erbrecht** wirken stark ein und sind mitbestimmend für die jeweilige Agrarstruktur. Beim **Anerbenrecht**, wie es vor allem in Norddeutschland verbreitet ist, erbt ein Nachkomme ungeteilt das landwirtschaftliche Eigentum, bei der **Realerbteilung** hingegen wird das Eigentum im Erbfall an die Hinterbliebenen (real) geteilt vererbt. Daher findet man in Realerbteilungsgebieten (z.B. im Südwesten Deutschlands) eher geringe Betriebsgrößen und eine starke Zersplitterung der Fluren, wodurch die Bewirtschaftung der Betriebe sehr erschwert wird (HENRICHSMEYER/WITZKE 1991, S. 64f.). Zur Abhilfe dieser Erschwernisse dient die **Flurbereinigung** (früher auch „Verkoppelung" oder „Umlegung" genannt), die zersplitterten landwirtschaftlichen Grundbesitz neu ordnet, um arrondierte Flächen zu schaffen.

In vielen Entwicklungs- und Schwellenländern beeinträchtigt eine extreme **Ungleichverteilung der Nutzfläche** die Agrarwirtschaft. Extensiv genutztem Großgrundbesitz (Latifundien) steht eine große landarme oder landbesitzlose Bevölkerung gegenüber. Problematisch ist auch das häufige **Fehlen von verbrieften Rechtstiteln** von Kleinbauern über den von ihnen bewirtschafteten Boden. Verschiedentlich wurde versucht, über umfassende **Agrarreformen** (z.B. in Mexiko nach der Revolution von 1910; vgl. SANDER 1999) oder weniger weitreichende **Bodenreformen** Abhilfe zu schaffen. Derartige **politische Maßnahmen** zur Änderung der Eigentumsverhältnisse an Grund und Boden können eine Zerschlagung des Großgrundbesitzes und die Verteilung der Flächen in **Individualbesitz** beinhalten, es kann aber auch umgekehrt zur Schaffung **kollektivistischer Eigentumsverhältnisse** kommen, wie dies mehrfach in sozialistischen Systemen geschah.

In vielen Staaten bestehen gesetzliche Regelungen für den Verkehr mit landwirtschaftlichen Grundstücken. In Deutschland sind durch das **Grundstücksverkehrsgesetz** von 1961 Veräußerungen landwirtschaftlicher Grundstücke genehmigungspflichtig, um die Landwirtschaft vor dem Ausverkauf ihres Bodens zu schützen und eine unwirtschaftliche Verkleinerung oder Aufteilung der Flächen zu verhindern. Das **Landwirtschaftsgesetz** von 1955 fordert, „mit den Mitteln der allgemeinen Wirtschafts- und Agrarpolitik – insbesondere der Handels-, Steuer-, Kredit- und Preispolitik" – die für die Landwirtschaft bestehenden „naturbedingten und wirtschaftlichen Nachteile gegenüber anderen Wirtschaftsbereichen auszugleichen und ihre Produktivität zu steigern". Hieraus resultieren **zahlreiche gesetzliche Sondermaßnahmen** zugunsten der Landwirtschaft, wie beispielsweise die Gewährung eines ermäßigten Steuersatzes auf Dieselkraftstoff, der in der Land- und Forstwirtschaft verbraucht wird (sog. Agrardiesel). Aufgrund der externen Effekte (vgl. Kap. 1.2) gelten für die Landwirtschaft viele weitere Regelungen, die z.B. den **Tierschutz** oder den **Umweltschutz** betreffen.

2.2.2 Nationaler Agrarprotektionismus

Außenschutz vor Agrarimporten

Die **Agrarprotektion** hat eine lange Geschichte. Sie begann in Deutschland 1878 mit der Einführung von Getreidezöllen. Zu jener Zeit waren die großen Grasländer in Nord- und Südamerika für den Getreidebau erschlossen worden, und konkurrenzlos billiges Importgetreide drängte auf den europäischen Markt. Dies führte zum Preisverfall, wodurch die europäischen Erzeuger unter starken Druck gerieten und von ihren Regierungen nationale Gegenmaßnahmen forderten. In **Großbritannien** wurden diese jedoch mit Hinweis auf die **Freihandelsdoktrin** abgelehnt, sodass ein sehr starker Anpassungsdruck auf den Landwirten lastete und ein rascher Strukturwandel mit der Bildung flächengroßer Betriebe die Folge war. In **Frankreich und Deutschland** wurde hingegen ein **Außenschutz durch Getreidezölle** zum Erhalt der traditionellen betrieblichen Strukturen aufgebaut. Damit wurden zahlreiche kleinere, wettbewerbsschwache Betriebe in der Produktion gehalten und der Strukturwandel gebremst. In den **Niederlanden und Dänemark** erkannte man wiederum die Chance, mithilfe des billigen Getreides aus Übersee einen **Ausbau der bodenunabhängigen Veredlungsproduktion** vorzunehmen. Wesentliche Elemente der heutigen Agrarstrukturen in den betreffenden Staaten gehen somit auf die vor etwa 120 Jahren getroffenen agrarpolitischen Entscheidungen zurück (HENRICHSMEYER/WITZKE 1994, S. 542f.).

Fast alle Staaten der Erde haben (oder hatten) Maßnahmen zum Schutz ihrer eigenen Landwirtschaft erlassen. Zumeist handelt es sich um Maßnahmen des Außenschutzes, d.h. der Beschränkung oder Verteuerung von Importen, um die heimischen Erzeuger vor dem Wettbewerb durch billigere Auslandsware zu schützen.

2.2.3 Die EU-Agrarpolitik und ihre Folgen

Agrarpolitik der Europäischen Union

In den Staaten der EU sind die nationalen Spielräume für die Agrarpolitik immer kleiner geworden, da inzwischen fast alle bedeutsamen Entscheidungen auf der EU-Ebene gefällt werden. Die Instrumente und Prinzipien der EU-Agrarpolitik gehen zurück auf den EWG-Vertrag von 1957, in dem auch die Ziele der **Gemeinsamen Agrarpolitik (GAP)** niedergelegt wurden.

Marktordnungen

Wichtigste Maßnahme war die Schaffung gemeinsamer **Marktordnungen**. Beginnend mit dem Schlüsselprodukt Getreide wurden ab 1962 für immer weitere Produkte Marktordnungen erlassen, sodass Mitte der 1980er Jahre rund 90% der landwirtschaftlichen Produktion in der Gemeinschaft unter gemeinsamen Marktordnungen erfolgten (EUROPÄISCHE GEMEINSCHAFTEN – KOMMISSION 1982, KLUGE 1989). Gemeinsames Kennzeichen aller Marktordnungen war die Festsetzung eines Preiszieles (Richtpreis), das agrarpolitisch gewünscht war. Diese Preise wurden jedoch verhältnismäßig hoch angesetzt, um den landwirtschaftlichen Erzeugern ein Auskommen zu sichern und die als Wählerschaft damals noch sehr bedeutsame Gruppe der Landwirte nicht zu verprellen.

Agrarpolitische Instrumente

Unterhalb des Preiszieles wurde ein **Interventionspreis** festgesetzt (Abb. 2-4), zu dem staatliche Interventionsstellen das Produkt aufkauften, um auf diese Weise durch Herausnahme von Mengen den Markt zu entlasten, damit sich dort das gewünschte Preisziel erreichen ließ. Der Interventionspreis bedeutete für die Erzeuger eine Art **Mindestpreisgarantie**.

Bei der obligatorischen Intervention (z.B. bei Getreide) war der Staat verpflichtet, jeden zum Interventionspreis angebotenen Warenposten in sein Interventionslager zu übernehmen. Bei der fakultativen Intervention (z.B.

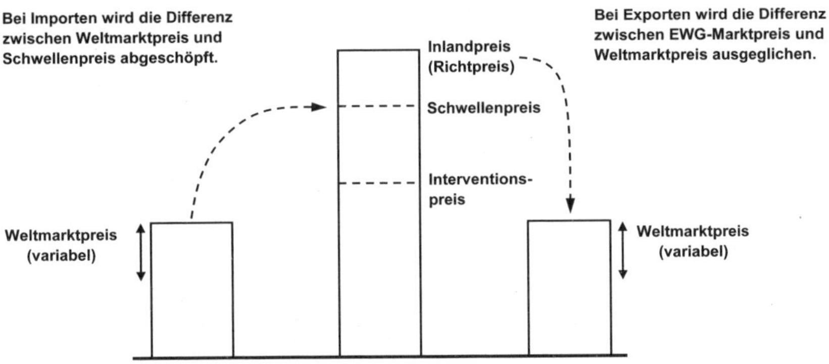

Abb. 2-4: Der Mechanismus der Abschöpfungen und Exporterstattungen im Rahmen der EU-Marktordnungen
(EUROPÄISCHE GEMEINSCHAFTEN – KOMMISSION 1982, S. 16f., verändert)

bei Butter gemäß der Milchmarktordnung) wurden die Interventionsmaßnahmen jeweils bei Vorliegen einer bestimmten Marktsituation ausgelöst. Außerdem erfolgte ein **Außenschutz** durch flexible Zölle („Abschöpfungen"), d. h. es wurde ein Preis für Importe festgelegt (Schwellenpreis). Dieser Preis war politisch motiviert und nicht durch Marktbedingungen entstanden. Die Differenz zwischen dem Weltmarktpreis und dem Schwellenpreis wurde abgeschöpft. Für Exporte wurden dagegen flexible Exportsubventionen („Exporterstattungen") gezahlt, um teuer erzeugte Überschüsse zum geringeren Weltmarktpreis absetzen zu können. Solange ein Importbedarf bestand, flossen über die **Abschöpfungen** Mittel zu. Wurden dagegen Exporte in größerem Umfange nötig, so mussten entsprechend hohe Finanzmittel als **Exporterstattungen** eingesetzt werden. Diese Situation trat in der EU sehr viel rascher und umfassender ein als ursprünglich vorhergesehen. Ursächlich dafür war neben der hohen Preisfestsetzung die **unbeschränkte Abnahmegarantie** für die Erzeuger, die gemeinsam eine nahezu beispiellose Produktionsausweitung bewirkten, denn das Risiko für Landwirte, auf Überschussmengen sitzen zu bleiben, war bei diesen Produkten gleich Null. Folglich versuchte jeder Landwirt, möglichst große Mengen davon zu produzieren, um so ein hohes Einkommen zu erzielen. Während in den Bereichen, in denen keine Preis- und Abnahmegarantien gegeben wurden (beispielsweise bei Geflügel, Eiern und Schweinen), keine großen Überschüsse zu verzeichnen waren, entstanden bei den Garantieprodukten sog. „Milchseen" und „Butterberge" sowie **ausufernde Ausgaben für den EG-Agrarmarkt**: Zeitweise entfielen etwa 65 % aller EG-Ausgaben auf den Landwirtschaftssektor, womit die Marktordnungsausgaben jeglichen Finanzrahmen zu sprengen drohten. Und dennoch waren die Landwirte höchst unzufrieden, da bei ihnen nur ein geringer Teil dieser Aufwendungen ankam, denn Exporterstattungen und Lagerhaltung verschlangen immer größere Anteile der Ausgaben. Auch mussten immer höhere Mengen an landwirtschaftlichen Überschüssen subventioniert auf den Weltmärkten abgesetzt werden, was zu **wachsenden internationalen Spannungen** führte. Die anderen großen Agrarexportländer beklagten sich über die Störung der Weltmärkte, den Entwicklungs- und Schwellenländern wurden die Exportmärkte für ihre

Produktionsüberschüsse

Kritik an Exportsubventionen

Agrarprodukte genommen, und einigen Entwicklungsländern nahmen die so hervorgerufenen extrem niedrigen Weltmarktpreise den Anreiz, eine eigene Produktion zur Versorgung ihrer Bevölkerung aufzubauen.

Reformen der EU-Agrarpolitik

Aufgrund der für die EU zunehmend schwieriger werdenden Situation wurden mehrfach Umsteuerungen in der Agrarpolitik vorgenommen

Tab. 2-1: Phasen der EU-Agrarpolitik (HENRICHSMEYER/WITZKE 1994, S. 561–568, ergänzt)

1. Phase	**Einkommensorientierte Agrarpreispolitik (1962–1977)** Durch Festlegung hoher Preise starke Expansion der Agrarproduktion, Importlücken wurden geschlossen, Produktionsüberschüsse entstanden, Marktordnungsausgaben stiegen.
2. Phase	**Wechselnde Ausrichtungen der Agrarpreispolitik unter dem Einfluss von Einkommenszielen und Budgetbegrenzungen (1978–1984)** Prekäre Zuspitzung der landwirtschaftlichen Überschuss- und Einkommensprobleme.
3. Phase	**Milchquotenregelung und restriktive Preispolitik (1984–1988)** Einführung des Quotensystems für Milch mit dem Ziel staatlicher Mengensteuerung. Bei den anderen Produkten längerfristig angelegte restriktive Preispolitik (insbesondere bei Getreide).
4. Phase	**Einführung von mittelfristig angelegten politischen Regelmechanismen („Stabilisatorenregelungen") (1988–1992)** Um den Zuwachs der Agrarausgaben zu begrenzen und den Anteil der Agrarausgaben am Gesamthaushalt zu verringern, wurden Produktionsschwellen („Stabilisatorenregelungen") festgelegt, bei deren Überschreitung im Folgejahr die staatlich festgelegten Preise automatisch gekürzt wurden. Flankierende Maßnahmen: Prämien zur freiwilligen Flächenstilllegung, Vorruhestandsprogramm für landwirtschaftliche Beschäftigte.
5. Phase	**Reform der EU-Agrarpolitik (1992–1999)** Ziel: die Markt- und Preispolitik konsequenter an den Markterfordernissen ausrichten und angestrebte Einkommens- und gesellschaftspolitische Ziele mit anderen Mitteln erreichen. Erhebliche Senkung der Erzeugerpreise, Ausgleich der Einkommensverluste durch Transferzahlungen.
6. Phase	**Agenda 2000 (ab 2000)** Ziel: Verbesserung der Wettbewerbsfähigkeit der Landwirtschaft der Union durch niedrigere Preise und eine noch stärkere Ausrichtung auf den Markt. Weitere Senkung der Preise, jeweils Kompensation durch Direktzahlungen (Teilausgleich). Viele Einzelbestimmungen regelten die Prämienhöhe für einzelne Erzeugnisse oder Flächen.
7. Phase	**Reformbeschlüsse (Juni 2003)** Ziel: Entkoppelung der Direktzahlungen an die Bauern von der Produktion. Die zahlreichen produktionsgebundenen Direktzahlungen (z. B. Ackerprämie, Mutterkuhprämie usw.) werden schrittweise bis 2013 auf betriebsbezogene entkoppelte, d. h. produktionsunabhängige Direktzahlungen („Betriebsprämien) umgestellt. Diese Zahlungen erfolgen auch aufgrund historisch erworbener Ansprüche auf Prämien. Durch die Entkoppelung soll die Wahl, welches Produkt erzeugt wird, nicht mehr überwiegend von der Höhe der produktbezogenen Zahlungen bestimmt sein, sondern sich an den Marktbedingungen orientieren. Hinzu kommen weitere Preissenkungen sowie die Kürzung der Direktzahlungen zugunsten der Programme zur Entwicklung des ländlichen Raumes.

(Tab. 2-1). So wurde beispielsweise im Jahr 1984 bei der Milch eine **Quotenregelung** mit dem Ziel der Mengenbegrenzung eingeführt, durch die jedem Milcherzeuger eine Produktionsquote zugewiesen wurde.

Unter dem Diktat der leeren Kassen wurde dann im Jahre 1992 eine weitreichende Wende in der Agrarpreispolitik vollzogen. Es wurde der Weg der **Entkoppelung von Preis- und Einkommenspolitik** beschritten (HENRICHSMEYER/WITZKE 1994, S. 561 ff.). Zur Wiederherstellung eines größeren Marktgleichgewichtes wurden die Erzeugerpreise für einige Marktordnungsprodukte erheblich gesenkt. Dies setzte sich in der sog. Agenda 2000 fort, die eine noch stärkere Ausrichtung auf den Markt beinhaltete. Die Interventionspreise wurden nochmals schrittweise abgesenkt, wobei die dadurch entstehenden Einkommensverluste den Erzeugern nur zum Teil durch Direktzahlungen ausgeglichen wurden.

In der jüngsten Phase der Agrarpolitik, den Reformbeschlüssen vom Juni 2003, wurden neben weiteren Preissenkungen zwei neue Elemente eingeführt: die Entkoppelung und die Modulation. **Entkoppelung** bedeutet, dass die Direktzahlungen an die Landwirte nicht mehr an die Produktion gekoppelt sind, sondern gänzlich unabhängig von dieser geleistet werden (Tab. 2-2).

Tab. 2-2: Veränderung in der Zusammensetzung der Agrarstützung in der EU, Angaben in % (OECD 2009, S. 226 f.)

	1986–1988	**2006–2008**
Zahlungen basierend auf der Erzeugung von bestimmten Produkten	91	38
Zahlungen basierend auf der aktuellen Fläche oder der Tierzahl eines Betriebes, gebunden an Produktion	4	17
Zahlungen basierend auf der früheren Fläche oder der Tierzahl eines Betriebes, keine Produktion erforderlich	0	32
Zahlungen basierend auf sonstigen Kriterien	5	13
Summe (%)	**100**	**100**

Dadurch wird den **Erfordernissen der WTO-Verhandlungen** (siehe Kap. 2.2.4) Rechnung getragen, bei denen die bisherige Praxis der Direktzahlungen der EU als Produktionsanreiz für die Erzeuger kritisiert wurde. Die Zahlungen an die Landwirte sind an die Einhaltung von Qualitätsstandards in den Bereichen Umweltschutz, Tierschutz und Lebensmittelqualität gebunden, diese Bindung der Zahlungen an Auflagen wird als **Cross Compliance** bezeichnet. Die **Modulation** ermöglicht die Umschichtung von Direktzahlungen an die Landwirte („Säule 1" der Gemeinsamen Agrarpolitik) zugunsten der Programme zur Entwicklung des ländlichen Raumes („Säule 2" der GAP). Diese Programme wurden aufgelegt, weil die Landwirtschaft aufgrund ihrer verringerten Bedeutung die Prosperität und Stabilität der ländlichen Räume nicht mehr allein gewährleisten kann.

In einer Zwischenüberprüfung („**Health Check**") der Reform der Agrarpolitik wurden 2008 weitere Einzelheiten festgelegt, wie die schrittweise

Anhebung der Milchquoten bis zu ihrem endgültigen Wegfall im Jahr 2015 oder die Umwandlung der Marktintervention in ein reines Sicherheitsnetz. Außerdem wurde eine noch weiter gehende Kürzung der Direktzahlungen an die Landwirte beschlossen (bei Zahlungen von über 300.000 € jährlich an einzelne Betriebe wird ein zusätzlicher Abschlag von 4% vorgenommen). Die dadurch frei werdenden Mittel werden in den **Fonds für die Entwicklung des ländlichen Raumes** eingestellt.

Alle diese Maßnahmen der Reformbeschlüsse von 2003/2008 (Preissenkungen, Kürzung von Direktzahlungen) bedeuten für die europäischen Landwirte teilweise beträchtliche Einkommenseinbußen; sie müssen sich zunehmend **am Weltmarkt behaupten** und sind seinen Einflüssen verstärkt ausgesetzt. Damit haben sich Zielsetzung und Inhalte der EU-Agrarpolitik seit ihren Anfängen grundlegend gewandelt.

Für die agrargeographische Forschung sind Kenntnis und Berücksichtigung der agrarpolitischen Einflüsse unerlässlich, da sie wesentlich steuernd auf die agrarstrukturelle Entwicklung eingewirkt haben. So bewirkte beispielsweise die EU-Getreidemarktordnung, dass sich der Getreideanbau auch auf Böden ausgebreitet hat, die bezüglich ihrer Bodengüte eigentlich keine Getreideböden sind. Die Milchquotenregelung stützte bestehende Strukturen und bremste den Agrarstrukturwandel unter den Milchbetrieben. Dagegen hat sich in Sektoren, die keiner derartigen politisch-rechtlichen Einflussnahme unterlagen, teilweise ein rasanter Strukturwandel vollzogen, wie in der Geflügelhaltung anhand des Entstehens von agrarindustriellen Unternehmen erkennbar ist (siehe Kap. 3.1.2; Abb. 3-2).

In der Gegenwart wirken sich agrarpolitisch unverkennbar zunehmend die Einflüsse der **Globalisierung** und internationaler Abkommen aus.

2.2.4 Die Welthandelsorganisation und die Agrarstützung

Agrarprotektionismus

In den meisten Industrieländern wird die Landwirtschaft durch **protektionistische Maßnahmen** (Zölle, Abschöpfungen, Subventionen usw.) gegenüber der Konkurrenz aus dem Ausland geschützt. So werden in der Regel die inländischen Erzeugerpreise über das Weltmarktpreisniveau angehoben und der freie Welthandel mit den Agrarprodukten behindert. Die für die heimische Landwirtschaft gewährten Vergünstigungen (**Subventionen**) können sehr vielgestaltig sein und von Steuervorteilen über Preisstützungen bis zu kostenloser staatlicher Beratung reichen. Dadurch ist ein internationaler **Vergleich der Stützungsniveaus** für die Landwirtschaft nur unter großen Mühen und nur über die Verwendung von Indikatoren möglich. Die OECD (2009) verwendet dazu die Darstellung in Form von **Produzentensubventionsäquivalenten** (PSE = Producer Subsidy Equivalent). Der Absolutbetrag des PSE entspricht dem Wert aller Einkommenseffekte agrarpolitischer Maßnahmen für die Produzenten, bzw. dem Einkommensverlust, der durch den Wegfall dieser Maßnahmen entstehen würde. Bei einem PSE-Wert von 45 beruhen 45% des Wertes der Agrarproduktion eines Erzeugers auf Subventionen (im weitesten Sinne) und der betreffende Landwirt müsste bei Wegfall aller dieser Vergünstigungen eine Einkommenseinbuße von 45% hinnehmen.

Für die Ordnung der internationalen Handelsbeziehungen ist die **Welthandelsorganisation** (World Trade Organization, WTO) zuständig, die seit 1995 als Nachfolgeorganisation des Allgemeinen Zoll- und Handelsabkommens GATT fungiert. Ihre Aufgabe ist es, Handelshemmnisse abzubauen und für verbindliche Regeln für die Welthandelsbeziehungen zu sorgen. In mehreren, zumeist mehrjährigen Verhandlungsrunden werden die Maßnahmen zur Liberalisierung des Handels multilateral ausgehandelt (HAAS et al. 2009, S. 76f.).

Schritte zur Handelsliberalisierung

Bei den früheren Abkommen im Rahmen des GATT war die Landwirtschaft stets ausgeklammert worden. Erst im Rahmen der so genannten Uruguay-Runde (1986–1993), wurde sie erstmalig in das Abkommen einbezogen und so ein schrittweiser **Abbau der Agrarprotektion** in Angriff genommen. Dadurch musste beispielsweise die EU im Zeitraum 1995–2001 diejenigen Subventionszahlungen, die als produktionsstimulierend gelten, um 20%, und die Exportsubventionen um 30% reduzieren. Durch diese Verpflichtungen erklären sich auch die Preissenkungen im Rahmen der Agenda 2000 (siehe Tab. 2-1).

Probleme der WTO-Verhandlungen

Die in der Uruguay-Runde eingeleitete Handelsliberalisierung auch für Agrarprodukte wird seither in der so genannten Doha-Runde (seit 2001) weiter fortgesetzt. Entgegen aller Absichten konnte diese Verhandlungsrunde noch nicht zu einem Abschluss gebracht werden. Vor allem das **Verhandlungskapitel Landwirtschaft** hat sich als **problematisch** erwiesen, weil sich mehrere Industrieländer weigern, ihre Märkte in jenem Umfang für Agrarexporte der Entwicklungs- und Schwellenländer zu öffnen, wie diese es wünschen. Dennoch haben die WTO-Verhandlungen die Agrarpolitik der EU maßgeblich beeinflusst, denn die Entkoppelung der Direktzahlungen von der Produktion im Rahmen der Reformbeschlüsse des Jahres 2003 so-

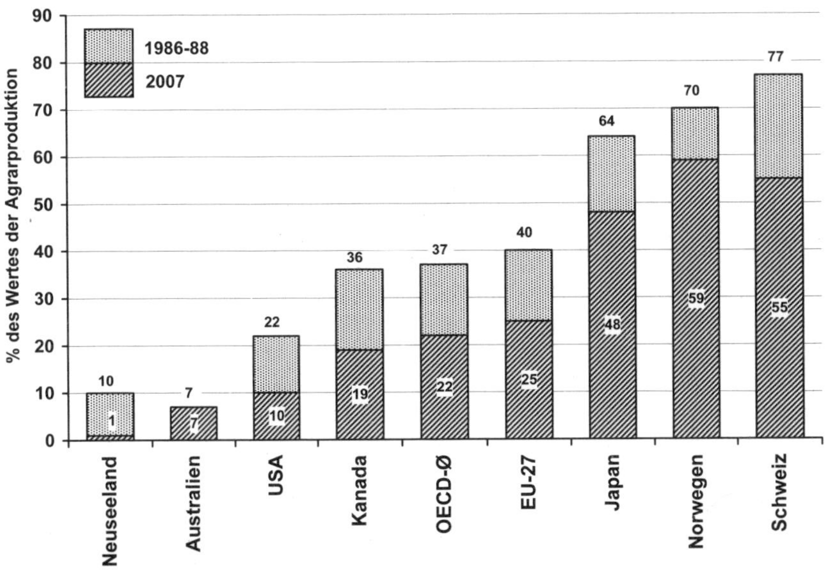

Abb. 2-5: Agrarstützung in % des Wertes der Agrarproduktion in ausgewählten Ländern und Regionen (1986–88 und 2007) (OECD 2009, S. 226f.)

wie die Verpflichtung, die Exportsubventionen bis spätestens 2013 vollständig einzustellen, sind Folgen dieser Verhandlungen.

Insgesamt konnte durch die GATT- bzw. WTO-Verhandlungen die Agrarprotektion zwar weltweit erheblich verringert werden, doch sind noch immer beträchtliche **Stützungsunterschiede** gegeben (Abb. 2-5). Vom Weltagrarmarkt weitgehend abgeschottete Staaten wie die Schweiz und Norwegen leisten sich extrem hohe Agrarstützungen, während Staaten wie Neuseeland und Australien, die sehr weltmarktorientiert wirtschaften, nur unbedeutende Agrarstützungen aufweisen. Die EU-27 liegt mit einem PSE-Wert von 25 nur noch geringfügig über dem OECD-Durchschnitt von 22, aber beträchtlich über den Werten Neuseelands, Australiens und der USA.

2.3 Akteure in der Produktionskette

Landwirtschaft als Teil der Ernährungswirtschaft

An der Erzeugung und Bereitstellung eines agrarischen Wirtschaftsguts sind verschiedene Akteure beteiligt und durch Organisationsstrukturen miteinander verknüpft. Die Agrarwirtschaft ist eng in die **arbeitsteilige Wirtschaft** eingebunden und auf die Leistungen der Industrie und des Handels angewiesen, um produzieren und ihre Produkte auch überregional vermarkten zu können. Die funktionale Einbindung der landwirtschaftlichen Erzeuger in das **System der Ernährungswirtschaft** kann durch verschiedene systemtheoretisch orientierte Ansätze erfasst und dargestellt werden, die die herkömmlichen Abgrenzungen zwischen den Wirtschaftssektoren überwinden. Mehrere Analysekonzepte, die der zunehmenden Systemkomplexität und Verflechtung der einzelnen agrarwirtschaftlichen Produktionsstufen und Standorte gerecht werden, hat NUHN (1993b) in einer Übersicht vorgestellt. Als Systemelemente, die am Produktions- und Vermarktungsprozess beteiligt und durch Beziehungen wechselseitig miteinander verbunden sind, müssen neben den Agrarbetrieben auch zahlreiche Akteure der ihnen vorgelagerten und nachgelagerten Stufen berücksichtigt werden (vgl. Abb. 1-7). Durch ihre Anordnung im Raum und ihre funktionale Einordnung innerhalb eines offenen Systems ergeben die Elemente ein bestimmtes räumliches Verbreitungs- und Verknüpfungsmuster, dessen Struktur, Funktionsweise und zeitliche Veränderung Gegenstand agrargeographischer Betrachtung auf verschiedenen **räumlichen Maßstabsebenen** sind. Auf der lokalen Ebene stellen landwirtschaftliche Betriebe und Haushalte ein System dar, das über seine Marktorientierung in das übergeordnete System der Ernährungswirtschaft eingebunden ist. Die Marktorientierung der landwirtschaftlichen Produzenten führt zu funktionalräumlichen Verflechtungen mit dem vor- und nachgelagerten Bereich und hat erheblichen Einfluss auf deren Entscheidungsverhalten. Die Produktionskette eines Agrarproduktes kann sich auf Akteure innerhalb einer Region beschränken, aber auch eine globale Dimension erreichen. Außerdem unterliegt sie einer zeitlichen **Dynamik**. Der Systemzusammenhang bedingt, dass Veränderungen eines Elementes Auswirkungen auf andere Elemente und das Beziehungsgefüge des Systems haben.

Im Folgenden werden Strukturen, Funktionsweise und Veränderungen von Produktionsketten zwischen Erzeugung und Konsum von Nahrungsmitteln betrachtet. Aufgrund der Verschiebung der Marktmacht an das Ende der Produktionskette und der Bedeutung des Nachfragewandels ist die Rolle von Einzelhandel und Konsumenten verstärkt zu berücksichtigen.

2.3.1 Strukturen und Entwicklungen in der Produktionskette

Die landwirtschaftliche Produktion erfolgt durch Betriebe mit bestimmten Ausstattungsmerkmalen, Binnenstrukturen, Außenbeziehungen und Produktionszielen. Während die **Subsistenzwirtschaft** auf eine von äußeren Einflüssen unabhängige Versorgung mit Nahrungsmitteln aus eigener Produktion abzielt, ist die **marktorientierte Landwirtschaft** auf die Beschaffung von Produktionsmitteln und den Absatz ihrer Erzeugnisse angewiesen. Nicht nur betriebliche Merkmale wie die Produktionsrichtung, die Größe der Nutzflächen, die Bodengüte oder die Verfügbarkeit und Qualifikation der Arbeitskräfte entscheiden über den wirtschaftlichen Erfolg der Betriebe, sondern vor allem auch die Art und Weise ihrer Einbindung in die arbeitsteilige Wirtschaft. Im Zuge der zunehmenden Marktorientierung, Spezialisierung und Intensivierung haben landwirtschaftliche Betriebe immer mehr Funktionen ausgelagert, während ihre Vernetzung mit Anbietern von Gütern und Dienstleistungen anderer Wirtschaftszweige stark gewachsen ist. So werden Futtermittel, Düngemittel, Saatgut oder Geräte nicht mehr oder nur noch teilweise selbst hergestellt und müssen von **vorgelagerten Akteuren** zugeliefert werden. Zu unterscheiden sind technische, chemische und biologische Produkte der zuliefernden Industrie, aber auch der Bezug von Vorprodukten und Dienstleistungen anderer landwirtschaftlicher Betriebe. Häufig sind auch technisch anspruchsvolle Spezialmaschinen anzuschaffen, die außerdem die Inanspruchnahme von **Dienstleistungen** wie Finanzierung, Versicherung, Beratung oder Wartung verlangen. Verschiedene **nachgelagerte Akteure** übernehmen den Transport, die Verarbeitung und die Vermarktung der Agrarprodukte, sowie Entsorgungsfunktionen. Ferner sind staatliche Leistungen und Einflüsse zu berücksichtigen, die die notwendigen **Rahmenbedingungen** für das Zusammenspiel der Akteure in der Produktionskette schaffen.

Landwirtschaft und Markt

Akteure in der Produktionskette

Im Mittelpunkt des Versorgungssystems für Lebensmittel, oder „food supply system" (Bowler 1992, S. 12), steht die **Produktionskette** („food chain") der marktorientierten Agrarwirtschaft, deren Elemente im Produktions- und Vermarktungsprozess aufeinander folgen und wechselseitig verbunden sind: von der Betriebsmittelherstellung über die landwirtschaftliche Produktion, die Verarbeitung und die Distribution bis hin zum Konsum von Nahrungsmitteln. Zwischen den Elementen bestehen Beziehungen in Form von Finanz- und Warenströmen sowie der Machtausübung. Rückkopplungen durch unterschiedlich intensiven Informationsaustausch ermöglichen das systemartige Funktionieren, das außerdem durch die gesetzten Rahmenbedingungen des Gesamtsystems (Agrar-, Umwelt- und Steuerpolitik, internationaler Agrarhandel, Finanzmärkte, naturräumliche Bedingungen) bestimmt wird. Whatmore (2002) betont in ihrer Darstellung des „agri-foodsystem" die verschiedenen Akteure und Institutionen, welche die Verknüpfungen zwischen der Landwirtschaft und den ihr vor- und nachgelagerten Bereichen herstellen.

Mit der **Industrialisierung der Landwirtschaft** hat sich die Komplexität der agrarwirtschaftlichen Strukturen und Funktionen erheblich erhöht. Die Zunahme von Austausch- und Abhängigkeitsbeziehungen zwischen spezialisierten Akteuren hat zu einer Schwerpunktverschiebung in der wirtschaftlichen Wertschöpfung von den landwirtschaftlichen Betrieben hin zu Akteuren auf den vor- und nachgelagerten Stufen der Produktionskette geführt. Die arbeitsteilig organisierte Abfolge unternehmerischer Aktivitäten, die an der Herstellung und Vermarktung eines agrarischen Wirtschaftsgutes beteiligt sind, wird auch als **Wertschöpfungskette** betrachtet. Für bestimmte Produkte kann die räumliche Anordnung der Wertschöpfungskette ein globales Ausmaß erreichen und dabei je nach vorherrschenden Machtstrukturen sowie Koordinations- und Kooperationsformen unterschiedlich aufgebaut sein (Schamp 2008).

Veränderung von Produktionsketten

Kleinräumige Marktgebiete und regionale Produktionsketten haben sich in der modernen Nahrungsmittelwirtschaft weitgehend aufgelöst. Technologische Innovationen in der Erzeugung und Verarbeitung von Agrarprodukten sowie im Bereich von Transport und Logistik, Veränderungen des Nachfrageverhaltens, aber auch Konzentrationsprozesse in der Lebensmittelindustrie und vor allem im Einzelhandel haben den Übergang zu **überregionalen Produktions- und Versorgungsbeziehungen** angetrieben, wie Nuhn (1999) am Beispiel der phasenhaften Veränderungen in der Produktionskette der deutschen Milchwirtschaft dargestellt hat. Eine zusammenhängende Betrachtung aller Stufen eines produktspezifischen Produktions- und Distributionsprozesses ermöglicht das aus Frankreich übernommene **„Filière"-Konzept** (Lenz 1997), das den Vorteil bietet, neben räumlich vergesellschafteten Segmenten der Produktionskette eines Produktes auch die räumliche Segmentierung verschiedener Produktionsstandorte einzuschließen. Die Anwendung des Konzeptes ist daher besonders dann vorteilhaft, wenn sich einzelne Produktionsschritte auf mehrere räumlich getrennte, jeweils spezialisierte Standorte verteilen, die aber bezüglich des hergestellten Produktes funktional eng verbunden sind. Das Konzept dient der Veranschaulichung der Zusammengehörigkeit und der Interaktionen von Segmenten eines Produktions- und Distributionsprozesses. Veränderungen eines Kettengliedes haben Reaktionen auf den übrigen Produktionsstufen auch an anderen Standorten zur Folge.

Segmente der Produktionskette

Beispiel: Produktionskette spanischer Erdbeeren

Ein besonders anschauliches Beispiel der Struktur und Entwicklung einer überregional aufgebauten Produktionskette gibt die „Erdbeer-Filière" in Spanien, die hier in vereinfachter Form dargestellt wird (Abb. 2-6).

Der moderne und an mediterrane Bedingungen angepasste Erdbeeranbau wurde aus Kalifornien in den Süden Spaniens übertragen, wo sich in der andalusischen Provinz Huelva das größte Anbaugebiet dieser Frucht in Europa entwickelt hat. Zum erfolgreichen Aufbau dieses neuen Anbauschwerpunktes haben Nachfrageimpulse aus Mitteleuropa ebenso beigetragen wie die Ausbreitung verschiedener technologischer und organisatorischer Innovationen auf allen Stufen der Produktionskette. Neue Erdbeersorten werden in Kalifornien gezüchtet und unter Lizenz nach Spanien geliefert, wo sie im

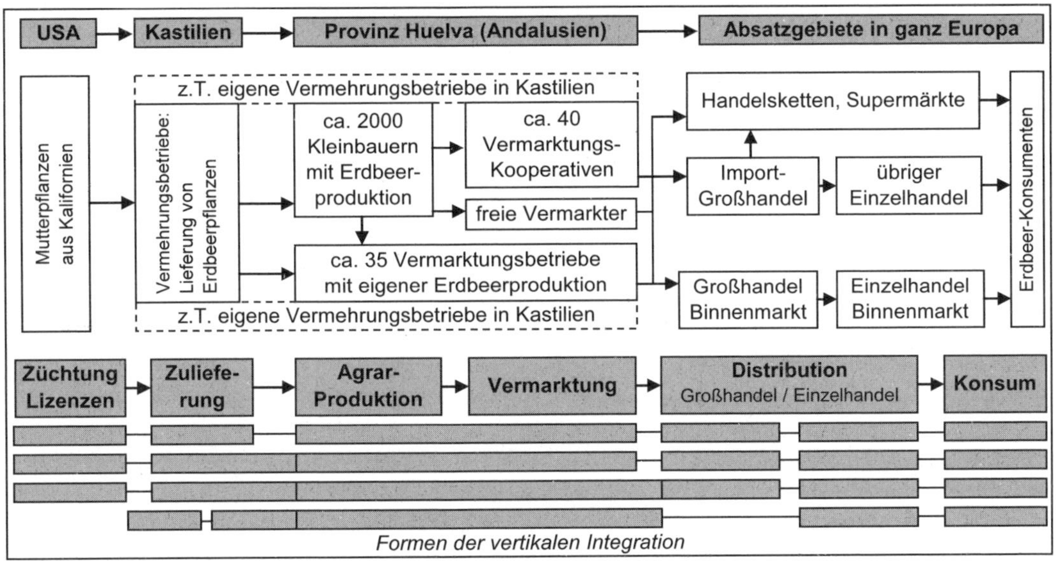

Abb. 2-6: Produktionskette andalusischer Erdbeeren (VOTH 2002, 2004, verändert)

winterkalten Hochland von Kastilien vermehrt werden, bevor die Setzlinge dann in das wintermilde Andalusien gebracht und ausgepflanzt werden. Dort können auf den Anbau spezialisierte Betriebe von Januar bis Juni Erdbeeren ernten und über verschiedene Akteure des Groß- und Einzelhandels in ganz Europa vermarkten. Eine Verarbeitung der Früchte spielt in dieser stark exportorientierten Produktionskette kaum eine Rolle. Zwischen den beteiligten Akteuren, auch innerhalb der einzelnen Segmente der „Filière", haben sich Verflechtungen und Kooperationsformen herausgebildet. Zahlreiche Erdbeerbauern sind in Kooperativen zusammengeschlossen, um einen besseren Marktzugang zu erhalten. Neben dieser Form der horizontalen Integration sind auch Tendenzen einer zunehmenden vertikalen Integration zwischen aufeinander folgenden Segmenten festzustellen. So verfügen z.B. manche Großbetriebe des Erdbeeranbaus nicht nur über eigene Erdbeerfelder in Andalusien, sondern auch über entsprechende Vermehrungsflächen in Kastilien, um sich selbst mit Jungpflanzen zu versorgen. Ebenso wird versucht, durch Forschung in der Pflanzenzüchtung eine Unabhängigkeit von den kalifornischen Sortenlizenzen zu erreichen. Das „Filière"-Konzept ermöglicht in diesem Fall eine räumlich und zeitlich differenzierte Darstellung der Organisationsstrukturen und Interaktionen in der Produktionskette.

Das Beispiel der Erdbeer-Filière zeigt die Bedeutung einer horizontalen und vertikalen Integration als Formen der institutionalisierten Kooperation, wie sie aus vielen Zweigen der Agrarwirtschaft bekannt sind. Bei der **horizontalen Integration** kommt es zu einer planmäßigen Zusammenarbeit (Kooperation von rechtlich und ökonomisch selbständigen Einheiten) auf einer Produktionsstufe. So können sich beispielsweise Schweinemäster zu einer Erzeugergemeinschaft zusammenschließen, um ihre Tiere gemeinsam zu

Horizontale und vertikale Integration

vermarkten (Abb. 2-7). Sie können dann größere Partien anbieten und höhere Erlöse erzielen. Kostenvorteile können sie auch durch den gemeinsamen Bezug von Futtermitteln erreichen.

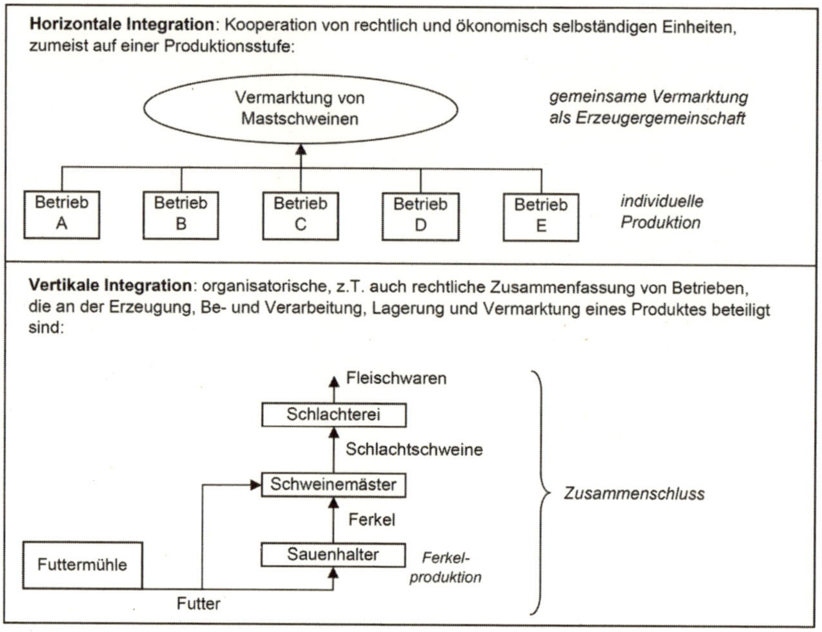

Abb. 2-7: Horizontale und vertikale Integration in der Agrarwirtschaft

Bei der **vertikalen Integration** erfolgt die Zusammenarbeit zwischen Betrieben, die auf verschiedenen Produktionsstufen tätig sind (BALDENHOFER 1999, S. 209, 408). Seit langem üblich sind Abnahmeverträge zwischen Milcherzeugern und der abnehmenden Molkerei sowie zwischen Zuckerrübenerzeugern und den Zuckerfabriken. In der Geflügelfleischerzeugung sind die Hähnchenmäster zumeist über Mastverträge an Schlachtunternehmen gebunden. Durch eine vertikale Integration über mehrere Produktionsstufen lassen sich ganze Produktionsketten aufbauen und steuern („supply chain management"). Mit dem Zusammenschluss von zwei oder mehreren Wirtschaftseinheiten durch horizontale und/oder vertikale Integration ergibt sich eine **Verbundwirtschaft** mit einer bestimmten Organisationsstruktur, die auch räumlich ausgeprägt ist (WINDHORST 1993). Im Zuge der Industrialisierung der Agrarwirtschaft entstandene **räumliche Verbundsysteme** können eine große Zahl an Akteuren auf mehreren untereinander abgestimmten Produktionsstufen umfassen und auf verschiedenen räumlichen Ebenen ausgeprägt sein. Insbesondere in Formen der intensiven Tierproduktion können solche räumlichen Verbundsysteme ein hohes Maß an Komplexität erreichen (Abb. 2-8). Wie das Beispiel der organisatorischen Verflechtungen im Umfeld eines agrarindustriellen Unternehmens der Geflügelfleischerzeugung in Niedersachsen zeigt, finden zwischen den verschiedenen Komponenten des Unternehmens und den angebundenen Vertragspartnern um-

Räumliche Verbundsysteme in der Agrarwirtschaft

fangreiche Material- und Informationsflüsse statt, die ein bestimmtes räumliches Ordnungsmuster zur Folge haben.

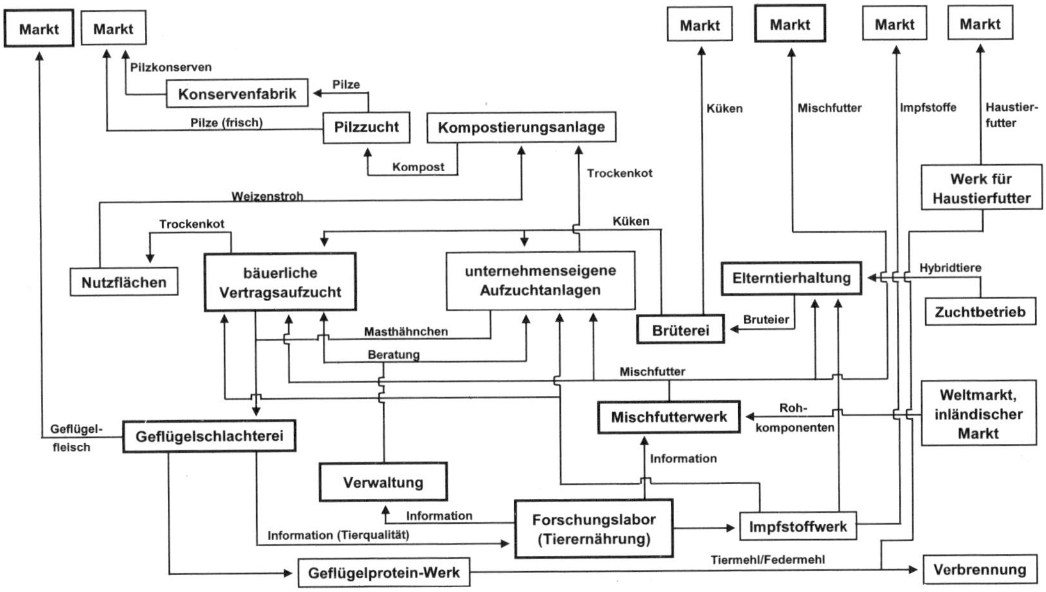

Abb. 2-8: Produktionsverbund und organisatorische Verflechtungen im Umfeld eines agrarindustriellen Unternehmens der Geflügelfleischerzeugung (WINDHORST 1989b, S. 207, ergänzt)

Während das Konzept räumlicher Verbundsysteme vor allem das systemartige Zusammenwirken sowie unterschiedliche Integrationsformen in einzelnen Unternehmen oder in bestimmten Produktgruppen auf regionaler oder nationaler Ebene abbilden kann, betont das Filière-Konzept die vertikale Komponente innerhalb einer Produktionskette, die auf globaler Ebene sogar weit voneinander entfernte Standorte miteinander verbinden kann.

Verarbeitung

Manche landwirtschaftlichen Erzeugnisse, wie z.B. frisches Obst, Gemüse oder Schnittblumen, werden lediglich nach den Anforderungen des Handels vorbereitet (Säuberung, Qualitätsklassen, Verpackung etc.), während andere auf eine Verarbeitung unbedingt angewiesen sind (z.B. Produkte aus Zucker-, Faser-, oder Ölpflanzen sowie Fleischprodukte). Ein wichtiges Element in der Produktionskette ist deshalb die **Nahrungsmittelindustrie**. Der Verarbeitungsprozess kann verschiedene Stufen an einem oder mehreren Standorten umfassen. Einige Produkte werden zunächst nur haltbar und lagerfähig gemacht und dann auf Nachfrage oder bei günstigem Preisniveau an die Nahrungsmittelindustrie geliefert. Bei Plantagenprodukten erfolgt zumindest eine erste Verarbeitungsstufe zumeist direkt auf dem landwirtschaftlichen Großbetrieb (Kap. 3.3.2). Entsprechend ist zwischen vorverarbeitenden Betrieben (häufig in der Nähe der Erzeuger agrarischer Rohstoffe) und einer weiterverarbeitenden Industrie zu unterscheiden. Oftmals sind um Verarbeitungsindustrien räumliche Produktionsschwerpunkte der Landwirtschaft ausgebildet, da zur Auslastung der Kapazitäten bestimmte Mindestmengen notwendig sind und manche Produkte nur über eine begrenzte Distanz zur Fabrik transportiert werden können (bei Verderblichkeit der Produkte oder hohem Gewichtsverlust bei der Verarbeitung; auch Schlachttiere). Die Existenz bzw. das Fehlen einer Verarbeitungsindustrie vor Ort entscheidet häufig darüber, ob die Erzeugung eines bestimmten Produktes für die landwirtschaftlichen Betriebe einer Region überhaupt in Frage kommt. Absprachen zwischen Agrarbetrieben und Verarbeitungsindustrie bezüglich Menge, Qualität und Anlieferungszeitpunkt der Rohware sowie die Aushandlung der Preise sind für beide Seiten wichtig.

In vielen Zweigen der Ernährungswirtschaft bestand eine enge regionale Verflechtung der Verarbeitungsindustrie über kleinräumige Liefer- und Absatzbeziehungen. Auch gegenwärtig ist ein Teil der Verarbeitungsbetriebe noch an traditionellen Standorten in der Nähe der landwirtschaftlichen Rohstofferzeugung angesiedelt (z.B. Molkereien, Zuckerfabriken, Gemüseverarbeitung) oder befindet sich an Hafenstandorten zur Verarbeitung von Importprodukten. Andere Industrien wählten die Nähe zu den Absatzmärkten in den Agglomerationsräumen (z.B. Fleischverarbeitung, Getränke, Backwaren). Verschiedene Einflussfaktoren führten jedoch zu Prozessen der **Konzentration** und **Umstrukturierung** in der Nahrungsmittelindustrie, sodass die auf vornehmlich kleineren Betrieben und auf kleinräumigen Beziehungen beruhenden traditionellen Strukturen sich zunehmend aufgelöst haben (NEIBERGER 1999). Neue technische Möglichkeiten in Transport und Logistik (z.B. Kühltransporte), moderne Informationsverarbeitung, grenzüberschreitende Absatzmärkte in der EU, aber auch Konzentrationsprozesse im Einzelhandel und ein verändertes Einkaufsverhalten der Konsumenten förderten die Bedeutungszunahme überregionaler Verflechtungen. Die Konzentration von Funktionen der Verarbeitung und Distribution von Nahrungsmitteln in größeren Einheiten an einer geringeren Zahl von Standorten basiert auf der Erwartung von Kostenersparnissen (durch „economies of scale"), welche die erhöhten Kosten zur Überwindung weiterer Distanzen mehr als aufwiegen.

Wandel der Organisationsstrukturen

Mit neuen Möglichkeiten der Verpackung, Beschriftung und Bewerbung der Waren setzten sich Verkaufsformen der Selbstbedienung auf immer größeren Ladenflächen durch. Im **Lebensmitteleinzelhandel** vollzog sich eine Konzentration des Umsatzes auf eine immer kleinere Anzahl großer Handelsunternehmen. Die Einzelhandelsketten übernehmen großenteils auch Funktionen des Großhandels und errichten Netze eigener Zentrallager. Funktionen der Lagerhaltung und des Transports werden häufig an spezialisierte **Logistikdienstleister** übertragen („outsourcing"). Zwischen Herstellern von Nahrungsmitteln und dem Einzelhandel sind komplexe **Distributionsnetze** für die abgestimmte überregionale Verteilung der Waren entstanden, z.T. sogar auf internationaler Ebene. Statt aus aufeinander folgenden Vermarktungsstufen bestehen die Produktionsketten zunehmend aus integrierten Akteuren mit nicht mehr fest zugewiesenen Funktionen.

Die marktorientierte Landwirtschaft liefert Produkte an die nachgelagerten Verarbeitungsindustrien und Dienstleister des Handels, während in umgekehrter Richtung eine **Rückkopplung** durch Marktinformationen, Qualitätsanforderungen und Preisimpulse erfolgt. Soweit keine politisch motivierten Preis- oder Mengengarantien vorliegen, sind die Landwirte in das Wechselspiel von Angebot und Nachfrage eingebunden. Die **Preisentwick-**

lung weist für viele Agrarprodukte erhebliche Schwankungen und eine insgesamt absinkende Tendenz auf. Ein Beispiel markanter Preisschwankungen ist die zyklische Entwicklung bei Schlachtschweinen (Abb. 2-9). In Zeiten hoher Erzeugerpreise wird die Produktion ausgeweitet, sodass mit zeitlicher Verzögerung dann ein größeres Angebot an Schlachttieren auf den Markt gelangt und zu Preisrückgängen führt. Dadurch schränken viele Erzeuger ihre Produktion ein, was später eine erneute Verknappung des Angebots mit wieder steigenden Preisen zur Folge hat, sodass ein neuer Zyklus folgt. Neben den Preisschwankungen stellt außerdem das Absinken des bei folgenden Aufschwüngen erreichten Preisniveaus ein Problem für die Schweinemäster dar (KLOHN/VOTH 2009, S. 179).

„Schweinezyklus"

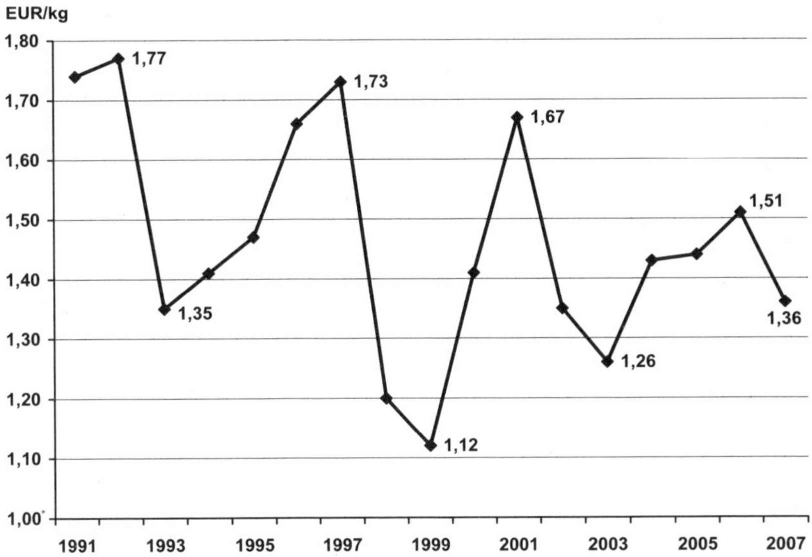

Abb. 2-9: Entwicklung des Erzeugerpreises für Schweinefleisch in Deutschland (1991–2007) (ZMP-MARKTBILANZ: VIEH UND FLEISCH, versch. Jgg.)

Dass eine unzureichende Information der Erzeuger über die Nachfrageentwicklung Angebots- und Preisschwankungen verursachen kann, ist auch aus anderen Ländern bekannt (z. B. STAMM 1995, für Costa Rica). Nur die enge Kooperation zwischen den Gliedern der Produktionskette kann eine optimale Ausrichtung der Produktion an der Nachfrage sichern. Ein wichtiger Aspekt ist außerdem die Erfüllung von Qualitätsansprüchen (z. B. Rückstandsfreiheit, Frische, Sortierung etc.), die nur über eine schnelle und zuverlässige Rückkopplung vom Einzelhandel bis hin zum Erzeuger ermöglicht wird. Die organisatorische Einbindung in eine Produktionskette erlaubt es also landwirtschaftlichen Betrieben, den Forderungen der Nachfrage zu entsprechen und am Markt teilzunehmen. Enge Verknüpfungen entlang der Produktionskette sind eine wichtige Voraussetzung für die **Rückverfolgbarkeit** von Lebensmitteln und die Einrichtung von Systemen der **Qualitätssicherung**.

Kooperation in der Produktionskette

Neben der räumlichen Ausprägung ist auch die zeitliche Dynamik einer Produktionskette zu beachten. In jedem Element einer Produktionskette können **Innovationen** auftreten und zu Veränderungen auch in den übrigen Elementen führen. Die Einführung neuer Sorten oder Produktionstechniken wirkt sich z.B. auf die Produktivität der Landwirtschaft aus, durch verbesserte Lagerungs- und Transporttechniken verändern sich die Absatzmöglichkeiten, die Verarbeitungsindustrie bringt neue Produkte auf den Markt, und auch die Konsummuster unterliegen einem ständigen Wandel. Als Bindeglied zwischen Konsum und Erzeugung von Agrarprodukten übernimmt der Handel eine doppelte Funktion in der Verbreitung von Innovationen. Entsprechend umfasst die Diffusion eines neuen Produktes häufig Vorgänge sowohl auf der Anbieter- als auch auf der Nachfrageseite. Akteure des Handels vermitteln zwischen Produktion und Konsum und unterstützen die Diffusion der Innovation auf beiden Seiten. Im Vergleich zur Stufe der Agrarproduktion haben auf den nachgelagerten Stufen innovative Prozesse und Strukturwandel eine dynamischere Entwicklung zu verzeichnen. Dementsprechend haben sich die Wertschöpfung und die Verhandlungsmacht immer mehr zum Ende der Produktionskette hin verschoben.

2.3.2 Steuerung der Produktionskette durch die Nachfrage

Für die weitaus meisten Agrarprodukte ist aus dem Anbietermarkt längst ein Käufermarkt geworden, d.h. die Nachfrageseite bestimmt die Konditionen des Warenflusses. Es ist wiederholt aufgezeigt worden, wie **Produktionsketten von ihrem Ende aus gesteuert** werden (z.B. Nuhn 1993b; Gwynne 1999, 2003). Einer großen Zahl an Anbietern stehen nur relativ wenige Supermarktketten als wichtigste Abnehmer der Waren gegenüber. Die Nachfragemacht der großen Handelsunternehmen zwingt die Akteure auf der Produktions- und auf der Verarbeitungsstufe zur Angebotsbündelung. Die Konzentration und Verhandlungsmacht des organisierten Lebensmitteleinzelhandels (**LEH**) hat ständig zugenommen. Die Handelsketten entscheiden, welche Produkte sie in ihr Angebot aufnehmen, und üben damit steuernden Einfluss auf die Erzeuger aus. So hat die Entscheidung deutscher Discounter, Eier aus Käfighaltung aus ihren Regalen zu verbannen, maßgeblich die Umstellung auf alternative Haltungsverfahren beschleunigt. Insbesondere in Deutschland ist der Strukturwandel im LEH weit vorangeschritten und kommt in einem **hohen Konzentrationsgrad** und einer zunehmenden **Internationalisierung** zum Ausdruck. Der Marktanteil der zehn größten Ketten des LEH in Deutschland erreichte bereits 1990 etwa 68% und ist weiter angestiegen bis auf 87%, wobei allein rund 70% des inländischen Marktvolumens auf die Top-5 im LEH entfallen (Hanf et al. 2009, S. 344). Da die Wachstumsmöglichkeiten dieser Großunternehmen auf dem deutschen Markt eng begrenzt sind, werden vermehrt Investitionen im Ausland getätigt, sodass die Internationalisierung des LEH zunimmt. Die Organisation von Warenbeschaffung, Handelsmarken und Management durch den LEH auf internationaler Ebene bewirkt eine Zunahme der Produktvielfalt im Sortiment und des Wettbewerbsdrucks, mit entsprechenden Chancen und Risiken für die nationale Nahrungsmittelindustrie.

Marktmacht des Lebensmitteleinzelhandels

Globalisierungseinflüsse

Während **Umstrukturierungsprozesse** auf der regionalen und nationalen Ebene großräumigere Verflechtungen und eine Stärkung des LEH innerhalb der Produktionskette ergeben, finden ähnliche Prozesse auch auf **globaler Ebene** statt. Nachfrageimpulse aus den Zentren des Konsums lösen über den Handel Veränderungen in der Agrarproduktion in teilweise weit entfernten Regionen aus. Zur Versorgung der Märkte in den wohlhabenden Ländern stellen Unternehmen der Nahrungsmittelindustrie und des LEH zu allen Jahreszeiten standardisierte Produkte aus weltweit verteilten Anbaugebieten nach festgelegten Qualitätskriterien zusammen. Die Konsumenten verlangen nach einer vielseitigen und ganzjährigen Versorgung auch mit frischen Lebensmitteln. Die saisonal, qualitativ und quantitativ unterschiedlichen Angebote der einzelnen Herkunftsgebiete werden über den Handel miteinander kombiniert und ergeben ein breites Sortiment. Zahlreiche geographische Arbeiten sind dem Ziel nachgegangen, die von der Nachfrageseite ausgehenden Rückkopplungen und Einwirkungen auf die Landwirtschaft durch eine Analyse der **Wechselwirkungen in der Produktionskette** transparent zu machen und Zusammenhänge zwischen globalen Beziehungen und der Entwicklung lokaler Raummuster darzustellen. Ein Betrachtungsgegenstand ist z. B. die Übertragung von Qualitäts-, Sozial- und Umweltstandards aus den Importländern in die Exportländer (MAYER 2004).

Beispiel: Chile

Als Beispiel für agrarwirtschaftliche Wachstumsdynamik durch Globalisierungsprozesse wird häufig **Chile** angeführt. Das südamerikanische Land verfügt dank seiner Erstreckung über viele Breitengrade und Höhenstufen über ein breites naturräumliches Potenzial für die Produktion von Agrarerzeugnissen, die insbesondere in den Industrieländern der Nordhalbkugel zunehmend nachgefragt werden und dort einen Saisonausgleich ermöglichen. Auf der Südhalbkugel ist Chile zum bedeutendsten Exportland für frisches Obst geworden; für Tafeltrauben ist das Land auf dem Weltmarkt sogar

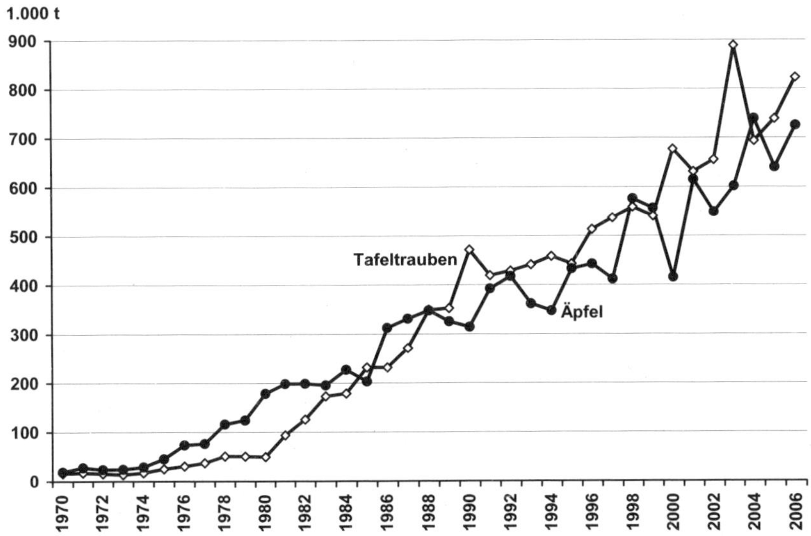

Abb. 2-10: Entwicklung der Exporte an Tafeltrauben und Äpfeln aus Chile (1970–2006) (FAO-DATENBASIS)

führend. Der Aufbau eines **exportorientierten Obstanbaus** begann mit Äpfeln und Tafeltrauben (Abb. 2-10) und durchläuft eine zunehmende **Diversifizierung**. Früchte wie Avocados, Orangen und Tafeltrauben stammen vornehmlich aus den subtropischen nördlichen Regionen, während Obstsorten der gemäßigten Klimate (z. B. Äpfel, Birnen, Heidelbeeren) vor allem aus den südlichen Regionen Mittelchiles geliefert werden.

Der während der Demokratisierung des Landes fortgesetzte Prozess des **wirtschaftspolitischen Wandels**, die gezielte Übertragung von Innovationen aus Kalifornien, Investitionen in Agrarforschung und die Ausbildung von Fachkräften schufen – neben anderen Faktoren – wichtige Voraussetzungen für die Entwicklung exportorientierter Anbaugebiete (CASABURI 1999). Neue technische Möglichkeiten in Transport und Logistik, der Aufbau einer durchgehenden Kühlkette vom Obsterzeuger bis zum Einzelhandelsgeschäft, das Interesse ausländischer Investoren und die organisatorische Einbindung lokaler Erzeuger in die **globale Produktionskette** führten zu einer dynamischen Entwicklung des Obstanbaus mit neuen Einkommensmöglichkeiten und Multiplikatoreffekten auch im vor- und nachgelagerten Bereich. Die Einflussfaktoren, Merkmale und Auswirkungen des **neoliberalen Entwicklungsmodells** Chiles, welches in Lateinamerika eine Vorreiterrolle übernimmt, werden kontrovers diskutiert. Die chilenischen Erfahrungen stoßen auch in anderen Ländern wie Brasilien auf Interesse und werden beim Aufbau eines exportorientierten Obstanbaus genutzt (VOTH 2002, S. 220).

Die Entwicklung von Produktion und Betriebsstrukturen im chilenischen Obstanbau ist in hohem Maße abhängig von Veränderungen innerhalb der globalen Produktionskette. GWYNNE (1999) analysiert, wie die Produktionskette für chilenisches Obst (als „buyer-driven commodity chain") durch die Nachfrage des britischen Marktes gesteuert wird (Abb. 2-11).

Die großen Ketten des LEH schließen **Lieferverträge** mit multinationalen Fruchthandelsgesellschaften oder Exporteuren in Chile, die wiederum Verträge mit Obstproduzenten eingehen. Damit die Landwirte die hohen **Anforderungen** an Menge, Qualität und Erntezeitpunkt exakt erfüllen können, werden sie von den Exporteuren mit einem entsprechenden Beratungsdienst, teilweise auch mit Betriebsmitteln und Krediten versorgt. Die Erzeu-

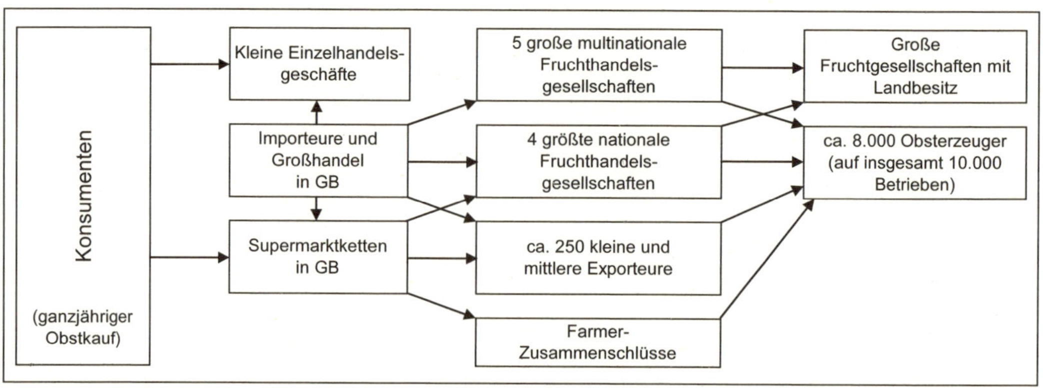

Abb. 2-11: Durch die britische Nachfrage gesteuerte Produktionskette für Obst aus Chile (nach GWYNNE 1999, S. 217, verändert)

ger werden in den strengen Lieferzeitplan der Handelsfirmen eingespannt und tragen erhebliche **Risiken**, da die Preise erst bei erfolgreichem Absatz der Ware in den Importländern festgesetzt werden. Asymmetrische Machtverhältnisse begünstigen die Akteure am Ende der Produktionskette.

In der **Anfangsphase** der Entwicklung eines neuen Anbaugebietes in Chile ist die Verhandlungsposition der Obsterzeuger bei Vertragsabschlüssen gegenüber den Exportfirmen noch relativ günstig. Wenn die Netzwerke zur Einbindung des Anbaugebietes in die globale Produktionskette aufgebaut sind, vollzieht sich in der folgenden **Konsolidierungsphase** ein **Selektionsprozess**. Dieser wird vorangetrieben durch die Bevorzugung von Großproduzenten beim Vertragsabschluss, verschärfte Vertragsbedingungen und die fortschreitende vertikale Integration, welche einigen Exportfirmen auch einen direkten Zugang zu Land verschafft (Gwynne 2003). Zahlreiche kleinere Erzeuger können auf die veränderlichen Forderungen des Handels weniger flexibel reagieren und halten dem ständig wachsenden **Wettbewerbsdruck** nicht stand. Sie gehen zu hohe Risiken ein, geraten in eine Verschuldung und sehen sich schließlich gezwungen, ihr Land an größere Erzeuger oder Exporteure zu verkaufen. Demgegenüber vermögen Großbetriebe die Risiken besser einzuschätzen. Außerdem können sie dank ihres zumeist direkteren und verlässlichen Zugangs zu Marktinformationen die Risiken leichter tragen. Aufgrund der Lieferung großer Mengen besitzen sie eine deutlich bessere Verhandlungsposition. Sehr große Obsterzeuger oder ihre Zusammenschlüsse sind imstande sogar selbst Exportfunktionen zu übernehmen und in der Gestaltung der Produktionskette aktiv zu werden. Die vom Ende der Produktionskette ausgehenden Nachfrageimpulse wirken also räumlich und sozial selektiv; sie binden nur bestimmte Gunsträume und Akteursgruppen ein und begünstigen Konzentrationsprozesse (Barton/Murray 2009). Andere Beispiele zeigen jedoch, dass die ablaufenden Prozesse und entstehenden Raummuster durchaus vielfältig sein können. Die Betrachtung von Globalisierungseffekten auf den unteren **Maßstabsebenen** lässt die sozioökonomischen Disparitäten und die lokalen Schwerpunkte und Probleme erkennen. Die Verknüpfung verschiedener Maßstabsebenen bei der Untersuchung der Aktionsmöglichkeiten lokaler Akteure in globalen Produktionsketten bietet der Agrargeographie vielversprechende Ansatzpunkte.

Einflüsse der Konsumentenwünsche

Über Kaufentscheidungen beeinflussen letztendlich auch die **Konsumenten** Veränderungen in der Agrarproduktion. Nachdem das agrargeographische Forschungsinteresse bislang stark auf die Erzeugerseite fixiert war, lässt die wachsende Beachtung des Konsums auf eine ausgeglichene Untersuchung der verschiedenen Elemente der Produktionskette und der beteiligten Akteure hoffen, die durch Wechselbeziehungen in „agri-food-networks" miteinander verbunden sind (Robinson 2004, S. 74ff.). Vielfältige Einflussfaktoren bestimmen das **Konsumverhalten**, wie z.B. Einkommen, Haushaltsstruktur, kulturelle Traditionen, Lebensstil, Arbeitsrhythmus, Mobilität, Freizeitverhalten, Preisrelationen und Jahreszeiten. Einerseits vermögen Werbung, Produktinnovationen und neue Angebotsformen das Konsumverhalten zu beeinflussen, während andererseits die Veränderungen der Nachfrage deutliche Rückwirkungen auf die gesamte Produktionskette haben. Eng mit agrargeographischen Fragestellungen verbunden – aber auch ein eigenes breites Themenfeld bildend – ist die **Geographie des Nahrungsmittelkonsums**. Ausgewählte Aspekte räumlicher Strukturen des Konsums von Nahrungsmitteln und ihre Bestimmungsfaktoren greift Grigg (1995b) auf. Am konkreten Beispiel des Mittelmeerraums stellt er regionale Raummuster des Konsums und deren zeitlichen Wandel dar (Grigg 1999). An den unterschiedlichen Tendenzen in nördlichen und südlichen Mittelmeerländern wird deutlich, wie zunächst kulturelle Unterschiede und Gemeinsamkeiten eines mediterranen Nahrungsmittelkonsums seit Mitte des 20. Jh. zunehmend durch ökonomische Entwicklungsunterschiede überprägt werden, sodass Konsumdifferenzen zwischen Industrie- und Entwicklungsländern hervortreten.

Trends im Nahrungsmittelkonsum

Kaufkraft und Konsumansprüche variieren je nach wirtschaftlichem und gesellschaftlichem Entwicklungsstand. Während die **Ernährung** der Bevölkerung in vielen Entwicklungsländern vor grundlegenden Problemen steht, wirft der Nahrungsmittelkonsum in Industrieländern andere Fragen auf, die mit **unterschiedlichen Konsumtrends** und mit der Entfremdung der Konsumenten von der landwirtschaftlichen Produktion zusammenhängen (siehe Kap. 4.3). Verschiedene Entwicklungstendenzen, wie z.B. die weltweite Ausbreitung von Konsummustern und die erneute Wertschätzung regionaltypischer Produkte, bilden keine Gegensätze, sondern laufen großenteils parallel zueinander ab. „Äpfel aus Chile und Birnen aus der Region" (Dünckmann 2007) schließen einander nicht aus. Vielmehr stehen sie für die Vielfalt aktueller Entwicklungen in Produktion und Nachfrage nach Nahrungsmitteln, zwischen Prozessen der **Globalisierung** und der **Renaissance von Regionalität**. Der Aufbau globaler Produktionsketten und die wachsende Geschwindigkeit des überregionalen Austausches von Agrarprodukten und Konsumpräferenzen haben Auswirkungen auf lokaler Ebene bei verschiedenen Akteuren am Anfang und Ende der Produktionskette. Besondere Aufmerksamkeit aus kulturgeographischer Perspektive erfährt der Nahrungsmittelkonsum in Frankreich. Als Beitrag zu einer „Geographie des Geschmacks" („géographie du goût") legt Pitte (2001) dar, wie sich der Konsum bestimmter Nahrungsmittel aus seiner traditionell engeren Bindung an naturräumliche und kulturelle Gegebenheiten löst, sich über verschiedene Räume und Gesellschaftsschichten ausbreitet und im Zuge der Industrialisierung der Agrarwirtschaft und wachsender Globalisierungseinflüsse Tendenzen der Amerikanisierung und Standardisierung aufweist, welche zu vielschichtigen Problemen führen und ein entsprechendes Verlangen nach kultureller Vielfalt und regionalen Besonderheiten herausfordern.

Globale und regionale Einflüsse

Ernährungsbedingte Krankheiten, eine Differenzierung der Lebensstile und Konsumwünsche, wachsende Ansprüche an Produktqualität und Serviceleistungen, die Komplexität der Verarbeitungsstufen, die räumliche und soziale Distanz zwischen Konsumenten und Erzeugern sowie Ängste vor Lebensmittelskandalen haben in wohlhabenden Ländern dazu geführt, dass Verbraucher ihre **Einstellung zu Agrarprodukten** zunehmend kritisch hinterfragen. Aspekte wie Frische, Gesundheitswert, Rückstandsfreiheit, artgerechte Tierhaltung oder eine umweltschonende Produktionsweise finden bei einigen Konsumentengruppen wachsende Beachtung. Das steigende öffentliche Interesse an der Herkunft und Erzeugung von Lebensmitteln, das die weitgehend verloren gegangenen Beziehungen vom Konsumenten zu-

Öffentliche Wahrnehmung von Nahrungsmitteln

rück zum landwirtschaftlichen Erzeuger wieder neu belebt, wird in der englischsprachigen Literatur auch mit dem Begriff „reconnection" belegt (ROBINSON 2004, S. 78). Eine zusammenhängende Betrachtung von Nahrungsmittelerzeugung und -konsum im Rahmen einer „agro-food geography" (WINTER 2003) verknüpft wirtschafts-, sozial- und kulturgeographische Perspektiven. Auffällig viele Beiträge richten die Aufmerksamkeit auf die **Entwicklung alternativer Produktionsketten** und Netzwerke (z.B. WATTS et al. 2005), obwohl diese bislang nur einen kleinen Anteil der Nahrungsmittelversorgung ausmachen, jedoch eine neue Dynamik und Differenzierung der Organisationsformen der Vermarktung anregen (siehe Kap. 4.3). Innerhalb der Produktionskette können zwei grundsätzlich verschiedene Wege des Absatzes von Agrarprodukten unterschieden werden: die Direktvermarktung durch den Erzeuger und Formen der indirekten Vermarktung unter Einschaltung verschiedener Akteure des Groß- und Einzelhandels. Die in Deutschland zu beobachtende Renaissance der **Direktvermarktung** wird sowohl durch verändertes Verbraucherverhalten als auch durch den Wunsch von Landwirten nach Einkommensverbesserungen angeregt. Einige Erzeuger versuchen, sich aus der Abhängigkeit von nachgelagerten Akteuren zu befreien, indem der Absatz wieder selbst organisiert wird oder einfache Verarbeitungsstufen in den Betrieb integriert werden (z.B. Eröffnung von Hofläden und Straßenständen, Selbstpflückanlagen, Verkauf auf Wochen- und Bauernmärkten, Verkauf von Spezialprodukten aus eigener Herstellung). Der ökologische Landbau hat im Aufbau alternativer Vermarktungskonzepte vielerorts eine Vorreiterrolle eingenommen. Einigen Betrieben gelingt die innovative Erschließung von Marktnischen (z.B. Direktbelieferung von Großküchen, Internet-Vertrieb hochwertiger Erzeugnisse). Auch innerhalb der Direktvermarktung bilden sich zunehmend komplexe Formen der Kooperation und räumlichen Vernetzung heraus (VOTH 2002, S. 260ff.). Viele Betriebe nutzen parallel zueinander mehrere Absatzwege, die für verschiedene Produkte vorteilhaft erscheinen. Obwohl der direkte Absatz an den Konsumenten die Vorteile kurzer Wege, Kundennähe und höherer Erzeugerpreise bietet, sind größere Mengen nur durch eine **überregionale Vermarktung** über den Handel abzusetzen.

Alternative Organisationsformen der Nahrungsmittelerzeugung

3 Strukturen und Prozesse

3.1 Strukturwandel und Industrialisierung der Agrarwirtschaft

In den weiter entwickelten Ländern der Erde hat sich die Landwirtschaft in den vergangenen Jahrzehnten sehr viel stärker gewandelt als in den Jahrhunderten zuvor. Diese beträchtlichen Veränderungen in den Strukturen, Ausrichtungen und Organisationsformen sowie deren Auswirkungen bedürfen einer genaueren Analyse.

3.1.1 Merkmale und Wandel der Agrarstruktur

Betriebsgrößenstruktur

Die **Agrarstruktur** drückt die strukturellen Gegebenheiten der landwirtschaftlichen Betriebe und ihrer Produktion in einem bestimmten Bezugsraum aus. Zur Beschreibung können zahlreiche Kenngrößen herangezogen werden. Zunächst sind die **Zahl der Betriebe** und ihre durchschnittliche **Betriebsgröße** (Nutzfläche) bedeutsam. Dabei ist auf **statistische Erhebungsgrenzen** zu achten, insbesondere, wenn sich diese im Verlauf eines längeren Betrachtungszeitraumes ändern. So wurden in Deutschland die Erfassungsgrenzen bei Landwirtschaftszählungen im Jahr 1970 von 0,5 ha auf 1 ha angehoben, 1999 auf 2 ha, 2010 auf 5 ha. Kleinere Betriebe werden nur dann erfasst, wenn sie bestimmte Mindestgrößen bei Tierbeständen oder bei Spezialkulturen erreichen. Im Gegensatz zur deutschen Agrarstatistik erfolgt in den USA die Einstufung als Farm nicht über die Fläche, sondern über den möglichen oder real getätigten Verkauf von agrarischen Gütern. So wird jeder Haushalt als Farm eingestuft, der aufgrund seiner Flächenverfügbarkeit oder seines Nutztierbestandes in der Lage ist, Agrarprodukte im Wert von mindestens 1.000 $ jährlich zu verkaufen. Hierbei ist unbedeutend, ob diese Produktionshöhe auch wirklich erreicht wird. Durch diese sehr niedrig angesetzte Erhebungsgrenze erfasst die US-Statistik zahlreiche Farmen, die nur im Nebenerwerb oder gar als „Hobbyfarmen" bewirtschaftet werden.

Betriebsformen: Deutschland, EU

Bedeutsam ist die **Betriebsform**, die in der EU durch den **Standarddeckungsbeitrag (StDB)** ermittelt wird. Dieser errechnet sich aus den Produktionsumfängen, wobei die erzeugten pflanzlichen Produkte und Tiere mit durchschnittlichen Erträgen und Preisen angesetzt und kalkulierte Kosten abgezogen werden. Es werden unterschieden (Statistisches Bundesamt 2008, S. 7):

- **Ackerbaubetriebe**: über 2/3 des StDB stammen aus dem Ackerbau (Getreide, Zuckerrüben, Kartoffeln u.a.m.),
- **Futterbaubetriebe:** über 2/3 des StDB stammen aus Wiesen und Weidevieh (alle Klassen von Rindern, Schafen und Ziegen),
- **Veredlungsbetriebe**: über 2/3 des StDB stammen aus der tierischen Veredlung (Schweine- oder Geflügelhaltung),
- **Dauerkulturbetriebe:** über 2/3 des StDB stammen aus Dauerkulturen (Obst- und Beerenobst, Zitrusfrüchte, Oliven, Hopfen, Weinreben),

- **Gartenbaubetriebe:** über 2/3 des StDB stammen aus dem Anbau von Gemüse, Erdbeeren, Blumen und Zierpflanzen, Pilzen u. a. m.
- In den Kategorien der **Pflanzenbauverbundbetriebe** und der **Viehhaltungsverbundbetriebe** machen einzelne Elemente mehr als 1/3, jedoch weniger als 2/3 des gesamten StDB des Betriebes aus.
- Als **Pflanzenbau-Viehhaltungsbetriebe** werden solche klassifiziert, die in den anderen Klassen ausgeschlossen wurden.

Es kommt zu charakteristischen Häufungen einzelner Betriebsformen in bestimmten Regionen. So dominieren beispielsweise Futterbaubetriebe in den Marschengebieten, den Mittelgebirgen und dem Alpenvorland, Ackerbaubetriebe in den Bördegebieten und anderen Gunstregionen (Gäuland in Süddeutschland, Jungmoränengebiete in Nordostdeutschland) und Dauerkulturen lediglich in kleinen Teilregionen (vornehmlich an Rhein, Main, Mosel und Unterelbe).

Weitere wichtige Kenngrößen der Agrarstruktur sind der **Tierbesatz**, die **Bodennutzung** (darunter auch das Acker-Grünland-Verhältnis), das **Verhältnis von Eigenland zu Pachtland**, die **Rechtsform der Betriebe**, der **Besatz mit Arbeitskräften und Maschinen** sowie das Verhältnis von **Haupt- und Nebenerwerbsbetrieben**. Als Haupterwerbsbetriebe gelten solche, die 1,5 Arbeitskräfte-Einheiten oder mehr je Betrieb haben, oder, wenn sie darunter liegen, mindestens 50% ihres Gesamteinkommens aus der Landwirtschaft beziehen. Alle Betriebe, die diesen Kriterien nicht entsprechen, gelten als Nebenerwerbsbetriebe. In Deutschland sind weniger als die Hälfte aller Betriebe als Haupterwerbsbetriebe klassifiziert, sie bewirtschaften jedoch den weitaus größten Teil der landwirtschaftlichen Nutzfläche.

Wandel der Agrarstruktur

Der **Strukturwandel** beschreibt die Änderungen der Agrarstruktur eines Bezugsraumes während eines bestimmten Zeitabschnittes. In allen Industriestaaten zeigt sich dies am eindrucksvollsten an der Verringerung der Zahl landwirtschaftlicher Betriebe bei gleichzeitigem Größenwachstum der verbleibenden Betriebe (Abb. 3-1). Der in den USA zu erkennende erneute Anstieg der Farmzahlen resultiert aus veränderten Erfassungsgrenzen, und durch die neu hinzu gekommenen kleinen Farmen (z.B. Erzeuger von Ahornsirup) ist auch die Durchschnittsgröße der Farmen wieder gesunken. Insbesondere ändert sich die **Betriebsgrößenstruktur**.

Die **Wachstumsschwelle** kennzeichnet diejenige Flächenausstattung der Betriebe, unterhalb derer die Anzahl der Betriebe ab- und oberhalb derer die Zahl der Betriebe zunimmt. In der Bundesrepublik hat sich die Wachstumsschwelle von 20 ha im Jahr 1970 über 50 ha im Jahr 1996 auf 75 ha im Jahr 2007 erhöht (BALDENHOFER 1999, S. 415; STATISTISCHES BUNDESAMT 2009b, S. 6).

Bedeutungszunahme großer und spezialisierter Betriebe

Die Dynamik des Wirtschaftsgeschehens und das niedrige Preisniveau für landwirtschaftliche Erzeugnisse erforderten ein stetiges Größenwachstum der landwirtschaftlichen Betriebe, das unter der Bezeichnung „**Wachsen oder Weichen**" gefasst wird. So sind vornehmlich flächenkleinere Betriebe ausgeschieden, während die in der Produktion verbliebenen Betriebe ihre Flächenausstattung verbesserten bzw. ihre Tierbestände vergrößerten. Mit dem Größenwachstum ging zumeist auch eine **Spezialisierung** der Betriebe

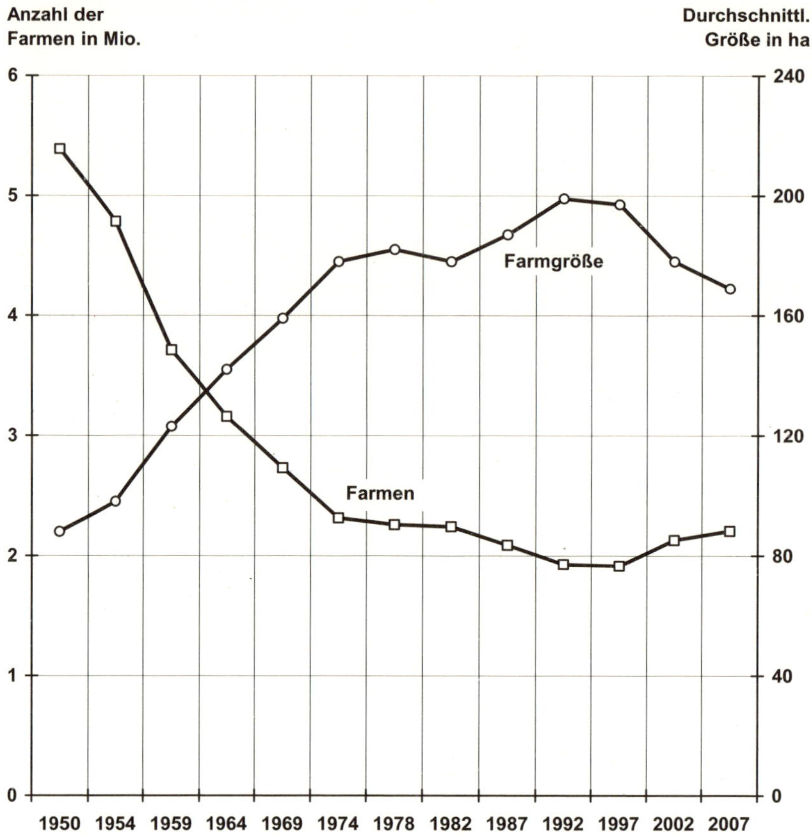

Abb. 3-1: Veränderung der Zahl der Farmen und der durchschnittlichen Betriebsgrößen in den USA (1950–2007) (USDA, NASS, versch. Ausgaben)

auf wenige Produktionszweige einher. Dies führte darüber hinaus zu einer Lockerung der ursprünglich recht festen Kombination von Bodennutzung und Tierhaltung. Die **Intensivierung** der Bewirtschaftung zeigt sich im Umbruch von Grünlandflächen zu Ackerland, auf dem dann zunehmend höherwertige Früchte angebaut werden. Im Zuge des Strukturwandels kommt es zur **Verringerung des Arbeitskräftebesatzes** durch **zunehmende Mechanisierung**, und gleichzeitig ist ein größerer **Kapitaleinsatz** (z. B. für Maschinen) notwendig.

Notwendigkeit des Strukturwandels

Der **Zwang zum Größenwachstum** der Betriebe resultiert vor allem aus der Verschlechterung der Relation von Kosten und Erlösen. Höheren Aufwendungen für Vorleistungen wie Futtermittel, Maschinen oder technische Ausstattung stehen real gesunkene Erlöse für die erzeugten Produkte gegenüber (vgl. Tab. 1-1). Dadurch sind die Betriebe gezwungen, immer größere Mengen zu erzeugen und zu verkaufen, um ein hinreichendes Betriebseinkommen zu erzielen. Betriebe, die zukunftsfähig sein wollen, müssen dabei in erhebliche Größenordnungen hineinwachsen (siehe Infokasten), sofern sie nicht Nischen besetzen oder beispielsweise im Sonderkulturbereich auf kleiner Fläche durch intensive Bewirtschaftung hohe Flächenerlöse erreichen können.

Ökonomisch notwendige Größenordnungen in der Schweinemast

Modellrechnung:

Ein landwirtschaftlicher Vollerwerbsbetrieb benötigt ein **Bruttoeinkommen** (vor Steuern) von mindestens **100.000 € pro Jahr**, weil Rücklagen für Investitionen angesammelt werden müssen. So kostet ein neuer Traktor rund 500 € pro PS (= rund 75.000 € für einen leistungsfähigen Traktor), der Neubau eines Mastschweinestalls mit 500 Stallplätzen etwa 250.000 €, und der eines Mastschweinestalls mit 1.500 Stallplätzen mehr als 600.000 €.

Wenn der Betriebsgewinn ausschließlich aus der Schweinemast erfolgen soll, können folgende Richtwerte gelten:

Um 100.000 € zu erzielen, müssen bei einer angenommenen **Bruttomarge** (Verkaufserlös des Schweines abzüglich der Kosten für Ferkel und Futter) von **25 €** pro verkauftem Schwein pro Jahr **4.000 Schweine verkauft** werden.

Da die Mastdauer pro Schwein knapp 4 Monate beträgt, kann im Laufe eines Jahres jeder Stallplatz 2,5 mal belegt werden. Somit muss eine **Stallkapazität von 1.600 Mastschweineplätzen** gegeben sein.

Bei einem angenommenen Verkaufsgewinn pro Schwein von nur **10 €** werden **4.000 Stallplätze** benötigt, um das erforderliche Betriebseinkommen zu erzielen.

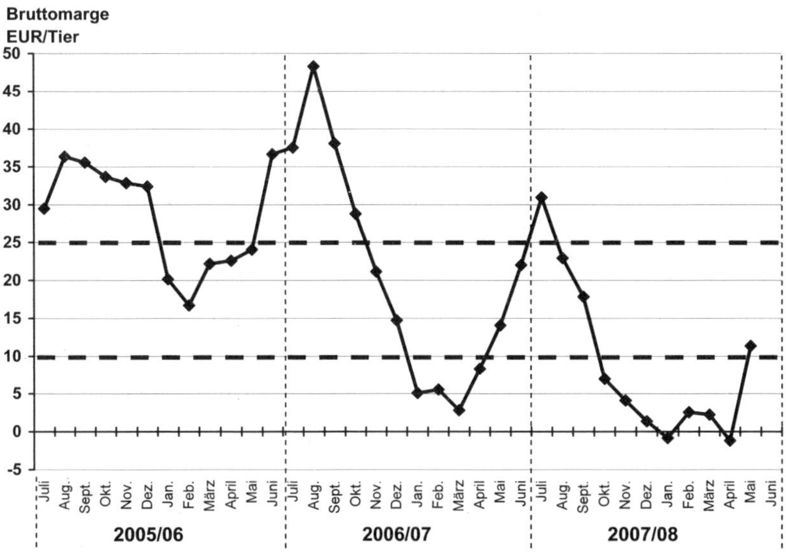

Quelle: nach ZMP-MARKTBERICHT: VIEH UND FLEISCH, versch. Ausgaben.

Der Strukturwandel ist regional unterschiedlich weit fortgeschritten. In vielen Gebieten mit kleinbetrieblicher Struktur und hohem Durchschnittsalter der Betriebsleiter steht mittelfristig ein erheblicher Strukturwandel bevor, beispielsweise in Teilen Südeuropas (KLOHN/WINDHORST 2009, S. 35, 48).

3.1.2 Der Industrialisierungsprozess der Agrarwirtschaft

Industrialisierung der Agrarwirtschaft

Zum Strukturwandel kommt in der Agrarwirtschaft der entwickelten Länder noch ein weiterer Prozess, der als **Industrialisierung der Agrarwirtschaft** bezeichnet wird. Dieser Industrialisierungsprozess tritt in zwei Formen auf (WINDHORST 1989b, S. 31):

- **Industrialisierung des Produktionsprozesses**, d.h. Übernahme industriespezifischer Produktionsweisen (die auch in bäuerlichen landwirtschaftlichen Betrieben auftritt), und
- Ausbildung von betrieblichen Organisationsformen, die industriellen Charakter haben, d.h. vertikal integrierten **agrarindustriellen Unternehmen**.

Als charakteristische **Merkmale des Industrialisierungsprozesses** in der Landwirtschaft sind die zunehmende Verwendung technischer Verfahren in der Produktion (z.B. computergesteuerte Fütterungsanlagen), die Kapitalisierung der Produktion (z.B. Ersetzen von tierischer und menschlicher Arbeitskraft durch Maschinen) und der Übergang zu standardisierter Massenproduktion zu nennen. Damit gleicht sich der agrarische Produktionsprozess dem industriellen Produktionsprozess an (WINDHORST 1989b, S. 20f.).

Einflussfaktoren

Auslösende und **steuernde Faktoren** für diesen Prozess sind Fortschritte in Forschung und Beratung, die Entwicklung und Ausbreitung agrartechnologischer Neuerungen, agrarpolitische Rahmenbedingungen sowie Konzentrationsprozesse in der nachgelagerten Industrie und im Nahrungsmittelhandel. Die weiterverarbeitende Industrie (z.B. Schlachtereien) und Vermarktungsunternehmen (z.B. große Handelsketten) fragen große Partien von einheitlicher Qualität nach. Anbieter, die große Stückzahlen bereitstellen können, werden daher bevorzugt gegenüber Produzenten, die nur kleine Partien anbieten können.

Merkmale

Die **Verwendung industriespezifischer Produktionsweisen** ist auch in Betrieben anzutreffen, die z.B. als **bäuerliche Familienbetriebe** bezeichnet werden. In einem traditionellen landwirtschaftlichen Betrieb laufen alle Fäden beim Betriebsleiter zusammen. Er trifft die notwendigen Entscheidungen und erledigt gemeinsam mit den Familienangehörigen sowie den eventuell vorhandenen wenigen Lohnarbeitskräften die anfallenden Arbeiten. Die Produktionskapazitäten und der Spezialisierungsgrad solcher Betriebe können sehr hoch sein. Dennoch sind diese Betriebe keine Industrieunternehmen, da ihnen ein wichtiges Merkmal fehlt: Von „**agrarindustriellen Unternehmen**“ kann erst dann gesprochen werden, wenn zu den Kriterien der kapitalintensiven Produktion und der Vereinigung großer Produktionskapazitäten auf die Betriebseinheit zusätzlich die **vertikale Integration** (vgl. Kap. 2.3.1) sowie die **Hierarchisierung und Dezentralisierung des**

Managements kommen. Durch die vertikale Integration sind die verschiedenen aufeinander folgenden Stufen in einem Produktionsprozess (z. B. Futtermühle, Mastanlage, Schlachterei, Vermarktung der Produkte) unter einer Unternehmensleitung zusammengefasst, wie dies Abb. 3-2 für das größte Eier produzierende Unternehmen in Deutschland, die Deutsche Frühstücksei GmbH mit Sitz im Landkreis Vechta (Niedersachsen), zeigt.

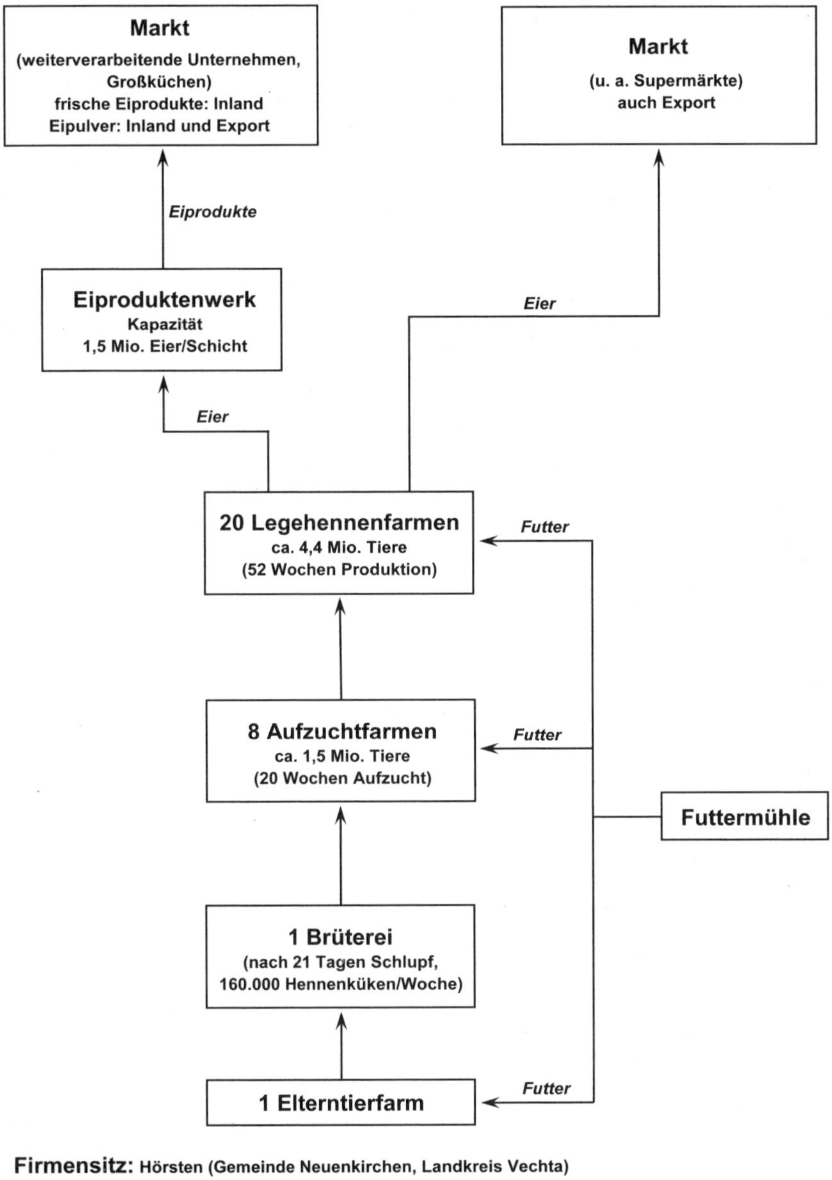

Abb. 3-2: Das agrarindustrielle Unternehmen Deutsche Frühstücksei GmbH (2008) (KLOHN/VOTH 2009, S. 229)

Der gesamte Unternehmenskomplex umfasst neben dem eigentlichen Produktionsbereich (20 Legehennenfarmen) auch den zugehörigen vorgelagerten Sektor, der aus dem Futtermittelwerk, der Elterntierfarm, der Brüterei zum Erbrüten der Küken und den Aufzuchtfarmen für die Küken besteht, sowie das nachgelagerte Eiproduktenwerk. Dieser Produktionsverbund stellt die reibungslose Versorgung der Legehennenfarmen mit den benötigten Einzelkomponenten sicher. Die erzeugten Eier werden z. T. als Frischware vermarktet, z. T. auch im eigenen Eiproduktenwerk verarbeitet. Durch die Weiterverarbeitung bietet sich für das Unternehmen die Möglichkeit, bei Auftreten eines Überangebotes von Frischeiern Ware aus diesem Teilmarkt zu nehmen und damit einem Preisverfall der Frischware entgegenzuwirken. Durch die vertikale Integration ist eine **optimale Steuerung des Gesamtsystems** möglich, woraus sich ein entscheidender Wettbewerbsvorteil ergibt.

Im Gegensatz zum bäuerlichen Betrieb gibt es in agrarindustriellen Unternehmen mehrere und abgestufte Entscheidungsebenen (z. B. Geschäftsführer, Leiter einzelner Unternehmensteile wie Futtermühle oder Legehennenstall, sonstige Angestellte und Arbeiter), worin sich die Dezentralisierung und Hierarchisierung des Managements ausdrückt. Derartige Unternehmen verfügen über **hohe Marktanteile** und weisen eine deutliche Übereinstimmung mit industriellen Produktionsformen auf. Sie haben häufig Produktionsstandorte in verschiedenen Ländern und sind auf den **Weltmarkt orientiert**.

3.1.3 Sektorale und regionale Konzentration

Konzentrationsprozesse

Durch den Strukturwandel und den Prozess der Industrialisierung der Agrarwirtschaft erfolgt die Erzeugung landwirtschaftlicher Produkte in einer immer geringer werdenden Zahl von Betriebseinheiten, d. h. es findet eine **sektorale Konzentration** statt. So hat sich beispielsweise die Zahl der Milchkuhhalter in Deutschland von rund 1,5 Mio. (nur alte Bundesländer) im Jahr 1949 auf etwa 101.000 im Jahr 2007 (Gesamtdeutschland) verringert. Die Zahl der durchschnittlich pro Betrieb gehaltenen Milchkühe hat sich dagegen mehr als verzehnfacht. Durch die hohen Produktionsanteile der agrarindustriellen Unternehmen ist auch eine **regionale Konzentration** erfolgt, denn in den Standräumen dieser Unternehmen fallen große Produktionsmengen an. Dies gilt insbesondere für Sparten, in denen agrarindustrielle Unternehmen dominierend sind, beispielsweise in der Geflügelfleischproduktion.

Beispiel: Molkereien

Die Prozesse der sektoralen und regionalen Konzentration haben auch **Auswirkungen auf den ländlichen Raum** insgesamt, wie am Beispiel der Molkereien gezeigt werden kann. Als Folge einer weitreichenden staatlichen Regulation bestanden in Deutschland bis 1970 für Molkereien festgelegte Einzugsbereiche und die Verpflichtung der Erzeuger, ihre Milch an diese Verarbeiter zu liefern. Damit war der Erhalt der kleinen, dezentral organisierten Verarbeitungsbetriebe weitgehend gesichert. Nach der Aufhebung dieser räumlich festgelegten Lieferbeziehungen setzte ein großer Konzentrationsprozess ein. Begünstigend wirkte sich der Einsatz von Kühlsystemen auf den Betrieben und von Tanksammelwagen aus, wodurch das Problem der leichten Verderblichkeit der Milch weitgehend behoben werden konnte und **längere Transportwege** möglich wurden. Als Folge zahlrei-

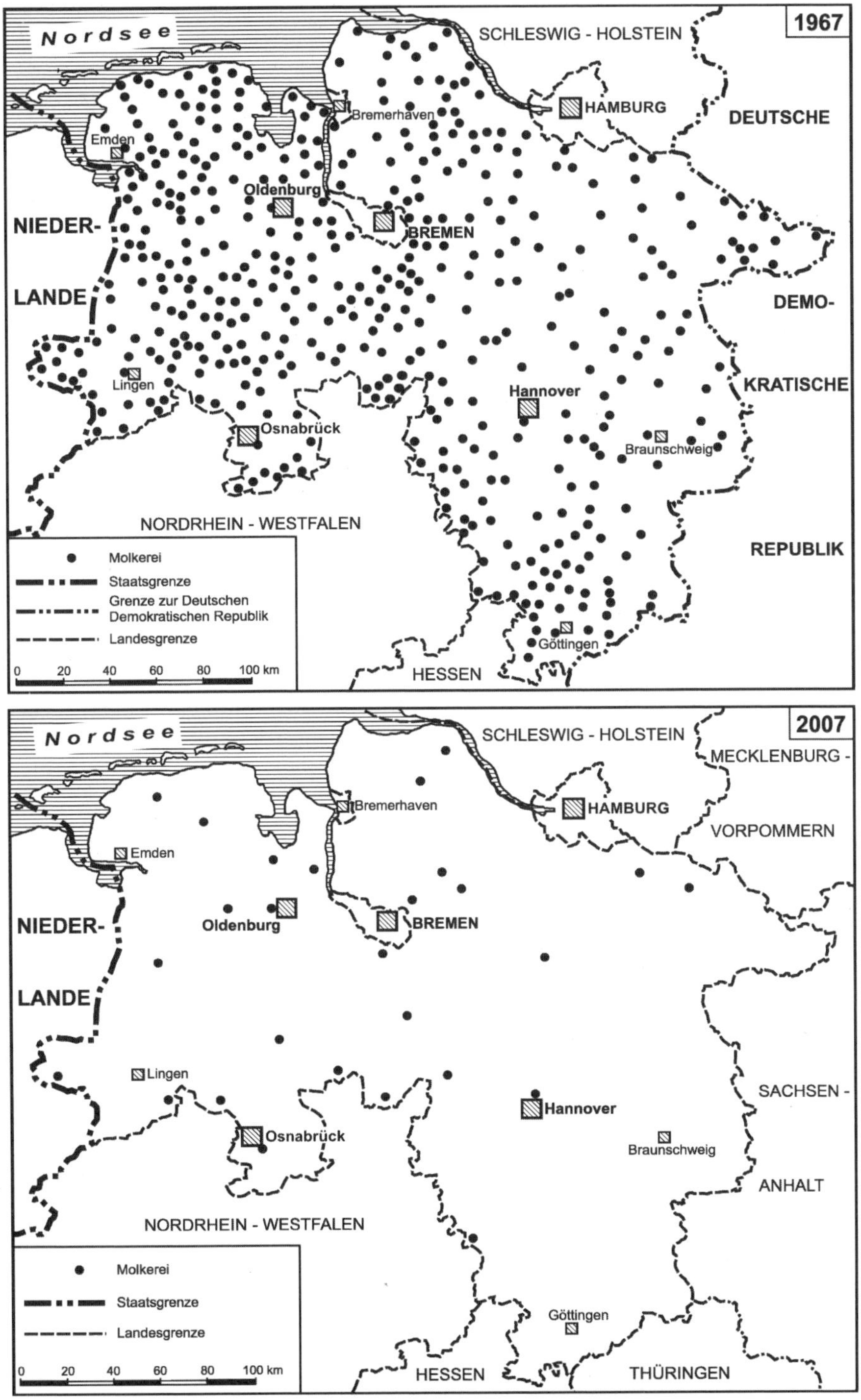

Abb. 3-3: Molkereibetriebe in Niedersachsen 1967 und 2007 (STECKHAN 1968; LANDESVEREINIGUNG DER LANDWIRTSCHAFT NIEDERSACHSEN 2007, S. 26f.)

cher Fusionen wurden kleinere **Zweigstandorte geschlossen** und die Verarbeitung wurde aus Kostengründen in wenigen, aber dafür gut ausgelasteten Großanlagen konzentriert. Dadurch konnte die Rentabilität gesteigert werden, denn mit wachsenden Betriebsgrößen entstanden den Unternehmen bei Beschaffung und Absatz durch höhere Mengen bedeutende Kostenvorteile. Für die Entwicklung neuer, innovativer Produkte können sich nur größere Molkereiunternehmen die erforderlichen Einrichtungen und Fachkräfte leisten. Wesentliche Einflüsse für das Größenwachstum gehen in zunehmendem Maße vom Lebensmittelhandel aus. Die führenden Ketten des Lebensmitteleinzelhandels (LEH) verlangen große Mengen einheitlicher, garantierter Qualität zu möglichst niedrigen Preisen. Diese Anforderungen können zumeist nur von Großanbietern erfüllt werden. Außerdem möchte der Lebensmittelhandel von seinen Lieferanten nach Möglichkeit nicht nur einzelne Artikel, sondern ganze Sortimente beziehen. Die damit verbundene Sortimentsausweitung kann kostengünstig (durch hohe Mengen bedingt) zumeist nur von größeren Unternehmen mit entsprechender Mindestgröße der verschiedenen Abteilungen getragen werden.

Diesen ökonomischen Sachzwängen stehen negative Auswirkungen für einige der verbleibenden Milcherzeuger sowie für die **ländliche Infrastruktur** gegenüber (Abb. 3-3). Durch die Schließung vieler kleiner Molkereien ist die Infrastruktur im ländlichen Raum, einschließlich der damit verbundenen **Arbeitsplätze**, verringert worden. Ökologisch nachteilig sind die über immer größere Entfernungen erfolgenden Milchtransporte. Für Milcherzeuger haben sich die Möglichkeiten verringert, einen Molkereiwechsel vorzunehmen, da die **Entfernungen zu alternativen Molkereien** häufig zu groß sind. Dies gilt insbesondere außerhalb der Schwerpunktregionen der Milcherzeugung, denn dort ist das Molkereinetz extrem ausgedünnt worden. Ähnliche Prozesse des Strukturwandels laufen auch in der Erzeugung vieler anderer Agrarprodukte ab.

Risiken regionaler Konzentration

Bei regionalen Konzentrationen in der Tierhaltung ist eine große **Gefährdung durch Tierseuchen** gegeben. Wird eine hoch infektiöse Krankheit eingeschleppt, so muss ihre Ausbreitung durch Tötung der befallenen Bestände sowie prophylaktische Tötung benachbarter Bestände verhindert werden. Die dabei entstehenden Verluste können große Ausmaße einnehmen. So mussten bei einem Ausbruch der Geflügelpest (H7N7-Virus) im Jahr 2003 in den Niederlanden, der in geringem Umfang auch nach Deutschland übergriff, 30 Mio. Tiere aus 225 Geflügelhaltungen getötet werden (Grabkowsky 2009, S. 21). Gravierend war auch der Ausbruch der Europäischen Schweinepest in den Jahren 1997 und 1998 in den Niederlanden. Obwohl nur eine kleine Zahl von Tieren infiziert war, wurden insgesamt 12 Mio. Schweine getötet. Der monetäre Schaden betrug 2,3 Mrd. € (Windhorst 2010, S. 21).

3.2 Kooperationen und Kollektivwirtschaften

Kooperationen und Kollektivwirtschaften sind in der Landwirtschaft seit jeher verbreitet. So war in vielen traditionellen Agrargesellschaften der Boden

Kollektiveigentum und wurde gemeinschaftlich bewirtschaftet. In Mitteleuropa traf dies vor allem auf die früher weit verbreitete **Allmende** zu (BECKER 1998, S. 194ff.). Auch in der Gegenwart gibt es in den weniger entwickelten Ländern noch tribalistische Agrarsysteme, in denen das Land Gemeinschaftseigentum der Stämme oder Dorfverbände ist. Neben solchen historisch begründeten Formen treten heute Kooperationen aus religiösen, politischen und wirtschaftlichen Gründen auf. Eine **religiös motivierte Kollektivwirtschaft** liegt beispielsweise bei den Brüdergemeinden der **Hutterer in Nordamerika** vor, die der Idee der urchristlichen Gütergemeinschaft folgen. Daher befinden sich die landwirtschaftlichen Nutzflächen sowie die Stallanlagen und Maschinen im Eigentum der jeweiligen Brüdergemeinde (Kolonie genannt), und die erzielten Erlöse fließen in die gemeinschaftliche Kasse. Die Hutterer arbeiten gewinnorientiert und wirtschaften mit modernster Technik (PERTERER 1998), wodurch sie sich von manchen anderen religiös-fundamentalistischen Gruppen unterscheiden. Von den sonstigen Formen ländlicher Kollektivwirtschaften mit religiösem Hintergrund ist vor allem der **Kibbuz in Israel** bedeutsam, in dem die landwirtschaftliche Tätigkeit jedoch vielfach bereits an Bedeutung verloren hat.

Traditionelle Formen gemeinschaftlicher Landwirtschaft

Politisch motivierte Kollektivwirtschaften sind vornehmlich aus sozialistischen Gesellschaftsordnungen bekannt. Sie sind nach dem Zusammenbruch der sozialistischen Gesellschaftsordnungen in Osteuropa jedoch weltweit im Rückzug begriffen. Bei den ab 1917 vereinzelt auf freiwilliger Basis und ab 1929 durch staatliche Zwangskollektivierung in der damaligen Sowjetunion eingerichteten **Kolchosen** handelte es sich um landwirtschaftliche Großbetriebe mit (im Jahr 1976) durchschnittlich 500 Höfen und 6.000 ha Nutzfläche (SUNIZA 1981, S. 63). Grund und Boden waren staatliches Eigentum und wurden den Kolchosmitgliedern zur Nutzung lediglich überlassen. Maschinen, Geräte und Vieh waren Kollektiveigentum. Neben der gemeinschaftlichen Kolchoswirtschaft durften die Kolchosmitglieder ein 0,25 bis 0,5 ha großes Stück „Hofland" privat bewirtschaften. Der Kolchos übernahm im ländlichen Raum zudem die Verantwortung für den Bau und Unterhalt wichtiger Infrastruktureinrichtungen wie beispielsweise Bibliotheken, Sportanlagen und Kinderbetreuungsstätten (LINDNER 2003, S. 18f.). Diese außerwirtschaftlichen infrastrukturellen Leistungen erschwerten die Privatisierung der Kolchosbetriebe, wie sie nach 1990 durch den politischen Wandel in Russland staatlicherseits initiiert wurde. Die verschiedenen Formen der dabei entstandenen Betriebstypen schildert LINDNER (2003).

Sozialistische Kollektivwirtschaften

Die in der damaligen **DDR** verbreiteten **Landwirtschaftlichen Produktionsgenossenschaften** (LPG) basierten auf einem Beschluss der Parteiführung zur Kollektivierung der Landwirtschaft (zu den ideologischen Grundlagen und ökonomischen Begründungen siehe KLEMM 1985, S. 201ff.). Erst kurz zuvor war durch die Bodenreform (1945–1952) der gesamte Großgrundbesitz mit mehr als 100 ha mit allen Gebäuden, Inventar usw. entschädigungslos enteignet worden; desgleichen Betriebe mit weniger als 100 ha, wenn deren Besitzer als Kriegsverbrecher, Naziführer oder ähnliches eingestuft wurden. Mit den enteigneten Flächen (3,3 Mio. ha) wurden über 210.000 Neubauernstellen (Durchschnittsgröße: 8,1 ha) für Flüchtlinge aus den ehemaligen deutschen Ostgebieten und ehemalige Landarbeiter geschaffen, außerdem erfolgte die Bildung Volkseigener Güter (VEG). Die enteigneten

LPG

Maschinen wurden in Maschinen-Ausleih-Stationen (MAS) zusammengefasst. Ab 1952 erging an die damals noch selbständigen Bauern die Aufforderung, sich „freiwillig" in Landwirtschaftlichen Produktionsgenossenschaften (LPG) zusammenzuschließen. Dabei wurden drei Typen von LPG geschaffen. In den **LPG Typ I** brachten die Landwirte nur das Ackerland in die Genossenschaft ein, Grünland und Vieh blieben in privater Nutzung. Beim **LPG Typ II** wurden Ackerland, Maschinen und tierische Zugkräfte in die Genossenschaft eingebracht, lediglich Grünland und Nutzvieh blieben in privater Nutzung. Beim **LPG Typ III** brachten die Landwirte alle Nutzflächen, Viehbestände und Maschinen in die Genossenschaft ein, ihnen blieb nur das Recht, bis zu 0,5 ha Land und eine begrenzte Anzahl von Nutzvieh als „Persönliche Hauswirtschaft" zu betreiben. Durch gezielte Benachteiligung von Bauern, die noch nicht in eine LPG eingetreten waren, erhöhte sich der Druck auf die Landwirte zum genossenschaftlichen Zusammenschluss stetig. Im Jahre 1960 war die Kollektivierung der Landwirtschaft vollzogen (Hohmann 1984). In der Folgezeit wurden die LPG Typen I und II allmählich in den vollgenossenschaftlichen Typ III überführt. Ab 1967/68 erfolgte der **Übergang zu industriemäßigen Produktionsmethoden** in der Landwirtschaft. Die Landwirtschaftlichen Produktionsgenossenschaften spezialisierten sich, sodass vielfach eine Trennung in Betriebe mit ausschließlicher Pflanzenproduktion und Betriebe mit ausschließlicher Tierhaltung erfolgte. Die Betriebsgrößen wurden auf durchschnittlich 5.000 ha landwirtschaftliche Nutzfläche ausgeweitet, nach US-Vorbild entstanden hoch technisierte, industriemäßige Tierproduktionsanlagen (Kombinate industrieller Mast – KIM) mit durchschnittlich mehr als 1.500 Großvieheinheiten (GV) (1 GV = 500 Kilogramm Lebendgewicht; ein Kalb = 0,4 GV, ein Mastschwein = 0,12 GV, 320 Legehennen = 1 GV). Nach der Wiedervereinigung im Jahr 1990 setzte ein weitreichender Umstrukturierungsprozess ein. Viele der Produktionsgenossenschaften wurden jedoch nicht zerschlagen, sondern in neuer Rechtsform als Großbetriebe weitergeführt. Dazu gehören auch 872 (im Jahr 2008) Agrargenossenschaften (kapitalistischen Typs), die Mitglied in der Raiffeisen-Organisation sind.

Moderne Genossenschaften

Ökonomisch motivierte Kollektivwirtschaften sind die modernen landwirtschaftlichen **Genossenschaften**, die ab Mitte des 19. Jh. als Selbsthilfeorganisationen von Landwirten zur Überwindung ihrer schwachen Stellung im Gesamtsystem der Wirtschaft (vgl. Kap. 1.2) und in der Produktionskette (vgl. Kap. 2.3) gegründet wurden (Winter 1982, S. 23ff.). Die Landwirte mussten damals beim Bezug von Saatgut, Dünger- oder Futtermitteln überteuerte Preise zahlen, sie waren gezwungen, nach der Ernte ihre Erzeugnisse mangels eigener Lagerkapazität rasch und auch zu niedrigsten Preisen zu verkaufen, und sie konnten Darlehen (wenn überhaupt) nur zu stark erhöhten Zinskonditionen erhalten. Hier setzte die genossenschaftliche **Selbsthilfe** ein. Durch den gemeinschaftlichen Einkauf der Vorleistungen über **Bezugsgenossenschaften** konnten niedrigere Preise ausgehandelt werden. Der Bau von Lagerhäusern ermöglichte es, Phasen niedriger Preise zu überwinden und die eigenen Erzeugnisse nach und nach bedarfsgerecht dem Markt zuzuführen. Durch die Gründung von Molkereigenossenschaften wurde die Verarbeitung der erzeugten Milch möglich, und durch **Absatzgenossen-**

schaften konnten der gemeinschaftliche Vertrieb der erzeugten Produkte organisiert und neue Märkte erschlossen werden. Über **Kreditgenossenschaften** erhielten die Mitglieder Zugang zu günstigeren Darlehen. In vielen Fällen wurden diese Funktionen miteinander kombiniert, beispielsweise durch die Schaffung von „Bezugs- und Absatzgenossenschaften" oder durch die Kombination einer ländlichen Kreditbank mit angeschlossenem Warengeschäft.

Zweck einer derartigen genossenschaftlichen Unternehmung ist gemäß § 1 des deutschen Genossenschaftsgesetzes die Förderung der Wirtschaft ihrer Mitglieder durch den gemeinschaftlichen Geschäftsbetrieb. Dieser ist nicht Selbstzweck, sondern fungiert als „Hilfsbetrieb" für die Wirtschaften der Genossenschaftsmitglieder. Bei einfachen Formen (z.B. gemeinsamer Einkauf von Düngemitteln in Form einer Bezugsgenossenschaft) handelt es sich um eine horizontale Integration (vgl. Kap. 2.3.1). Bei weiter gehenden Formen (z.B. Weiterverarbeitung der erzeugten Produkte in Form einer Molkereigenossenschaft) handelt es sich um eine vertikale Integration. In beiden Fällen versuchen die Mitglieder, die Mängel und Schwächen ihrer Einzelbetriebe durch eine besondere Form der Integration – die Genossenschaft – zu überwinden. Die von der Genossenschaft erwirtschafteten Überschüsse haben auch nicht den Charakter von Gewinnen, da sie als Rückvergütungen an die Mitgliederwirtschaften ausgeschüttet werden. Im erwerbswirtschaftlichen Sinne strebt die Genossenschaft für sich keine Gewinnerzielung an, sondern arbeitet als „Kostendeckungsbetrieb". Im Zuge der Marktzwänge haben einige Genossenschaften ein beträchtliches Größenwachstum erfahren, und es sind auch Unternehmen mit Jahresumsätzen in Milliardenhöhe entstanden. Die **genossenschaftlichen Ideale** der Selbstverwaltung und der durch die Mitglieder ausgeübten Kontrolle des Unternehmens sind in derartigen Unternehmen nur noch eingeschränkt umsetzbar. Operative Entscheidungen trifft dort ein mit erheblichen Kompetenzen ausgestattetes Management, es kann daher zur Entfremdung des einzelnen Mitgliedes von dem Unternehmen kommen (Grosskopf 1990). Genossenschaften treten somit in unterschiedlichen räumlichen Dimensionen von der lokalen bis zur nationalen (und neuerdings sogar internationalen) Ebene auf.

Genossenschaften in Deutschland

In **Deutschland** sind die landwirtschaftlichen Genossenschaften mit dem Namen Friedrich Wilhelm Raiffeisen (1818–1888) verknüpft, der zu den Gründern der genossenschaftlichen Bewegung zählt. Der **Deutsche Raiffeisenverband** (DRV) vertritt als Dachverband die Interessen der genossenschaftlich organisierten Unternehmen der deutschen Agrar- und Ernährungswirtschaft. Im Jahr 2008 erzielten die 2.994 DRV-Mitgliedsunternehmen im Agrarhandel und in der Verarbeitung von Agrarerzeugnissen (Tab. 3-1) einen Umsatz von mehr als 44 Mrd. Euro.

Über 50% ihrer Umsätze erzielen die deutschen Landwirte in Zusammenarbeit mit Genossenschaften, wobei die Bedeutung der Genossenschaften je nach Sparte sehr unterschiedlich hoch ist. Die Vieh- und Fleischgenossenschaften erfassen rund ein Drittel der deutschen Schlachtschweine und ein Viertel der deutschen Schlachtrinder, Winzergenossenschaften zeichnen für etwa ein Drittel des deutschen Weinabsatzes verantwortlich (www.raiffeisen.de). Die größten deutschen Milchverarbeiter (Nordmilch, Humana Milchunion) sind genossenschaftliche Unternehmen, und auch in

Tab. 3-1: Anzahl der Genossenschaften in der Raiffeisen-Organisation in Deutschland (2008) (DEUTSCHER RAIFFEISEN-VERBAND: www.raiffeisen.de)

Kreditgenossenschaften mit Warengeschäft	178
Bezugs- und Absatzgenossenschaften	356
Milchgenossenschaften	290
Vieh-, Fleisch- und Zuchtgenossenschaften	116
Winzergenossenschaften	218
Obst-, Gemüse-, Gartenbaugenossenschaften	94
Agrargenossenschaften	872
Hauptgenossenschaften	7
Übrige Genossenschaften	863
Insgesamt	**2.994**

der Fleischverarbeitung werden große Schlachtunternehmen genossenschaftlich geführt (z.B. Westfleisch eG). Hohe genossenschaftliche Organisationsgrade werden ebenfalls in der Sparte Obst- und Gemüsevermarktung erreicht. Lässt man die Genossenschaften der Ausrichtung „Kredit mit Ware" unberücksichtigt, weil dort zahlreiche Nichtlandwirte als Mitglieder geführt werden, waren im Jahr 2008 mehr als 560.000 Landwirte, Winzer und Gärtner Mitglied einer Raiffeisen-Genossenschaft. Angesichts von nur etwa 375.000 landwirtschaftlichen Betrieben in Deutschland ist diese hohe Zahl auf **Mehrfachmitgliedschaften** zurückzuführen. Einen Sonderfall innerhalb des deutschen Genossenschaftssystems stellen die Agrargenossenschaften (Produktivgenossenschaften) dar, bei der die Genossenschaft nicht als Hilfsbetrieb, sondern als Erwerbsquelle dient. Es handelt sich hierbei um die aus den Landwirtschaftlichen Produktionsgenossenschaften hervorgegangenen Unternehmen in den Neuen Bundesländern.

Genossenschaften in den USA

Auch in den **USA** spielen **Farmer-Genossenschaften** seit vielen Jahrzehnten eine bedeutende Rolle (KLOHN 1990). Zur Anerkennung müssen folgende Bedingungen erfüllt sein (USDA RURAL DEVELOPMENT 2009, S. 1):

- Die Mitgliedschaft ist auf Erzeuger von landwirtschaftlichen oder fischwirtschaftlichen Produkten beschränkt;
- das Stimmrecht der Mitglieder ist auf jeweils eine Stimme begrenzt, oder die Höhe der jährlich zu zahlenden Dividende ist auf maximal 8% (oder einen höheren Wert, der den gesetzlichen Bestimmungen einzelner Bundesstaaten entspricht) limitiert;
- die Genossenschaft wickelt den größeren Teil ihrer Geschäfte mit ihren Mitgliedern ab;
- die Genossenschaft arbeitet zum Nutzen ihrer Mitglieder.

Die auf dieser Basis arbeitenden Bezugs-, Absatz- und Dienstleistungsgenossenschaften sind sehr unterschiedlich. Es existiert eine große Zahl von kleinen Genossenschaften, die ihren Mitgliedern nur wenige Basisfunktionen bieten, andererseits sind auch große, diversifizierte oder auch hoch spezialisierte Unternehmen mit hohen Mitgliederzahlen und Umsätzen entstanden (Tab. 3-2).

Tab. 3-2: Größenklassen der Farmer-Genossenschaften in den USA (2008) (USDA, Rural Development 2009, S. 18)

Umsatzklasse (Mio. $)	Genossenschaften		Geschäftsvolumen	
	Anzahl	%	Mrd. $	%
Unter 5,0	870	35,2	1,731	12,2
5– 9,9	338	13,7	2,504	8,4
10– 14,9	204	8,2	2,525	4,5
15– 24,9	248	10,0	4,915	7,4
25– 49,9	307	12,4	10,349	12,1
50– 99,9	190	7,7	12,967	7,2
100–199,9	176	7,1	18,622	15,7
200–499,9	88	3,6	22,938	7,4
500–999,9	30	1,2	21,135	3,5
1.000 und mehr	22	0,9	94,189	21,6
Gesamt	**2.473**	**100,0**	**191,874**	**100,0**

Eine marktbeherrschende Stellung haben die Genossenschaften mit mehr als 80% Marktanteil bei der Milchvermarktung inne; im Bereich der tierischen Produkte (einschließlich des Geflügelsektors) war es ihnen jedoch nicht möglich, entsprechende Marktstellungen zu erobern. Einige Farmer-Genossenschaften sind zu Marktführern ihrer Branche aufgestiegen und sind durch **etablierte Markennamen** national (und teilweise international) bekannt. Dies gilt beispielsweise für den Molkereikonzern Land O'Lakes, den weltweit führenden Vermarkter von Mandeln, die Blue Diamond Growers, und die auf die Frischvermarktung von Zitrusfrüchten spezialisierte Genossenschaft Sunkist. Insbesondere die beiden Letztgenannten sind auch sehr stark im Exportgeschäft nach Europa tätig.

Genossenschaften neuen Typs

Seit den 1990er Jahren hat sich in den USA und in Kanada ein modifizierter Typ von Farmer-Genossenschaften ausgebreitet: die **New Generation Cooperatives** (NGC). Sie verfolgen das Ziel, anstelle der von den Farmern angelieferten Rohprodukte weiterverarbeitete Erzeugnisse auf dem Markt anzubieten und damit eine größere Wertschöpfung zu erzielen (Torgerson 2001, S. 15). Anstelle der für Genossenschaften üblichen offenen Mitgliedschaft ist in ihnen jedoch die Anzahl der Mitglieder durch die Kapazität der genossenschaftlichen Verarbeitungseinrichtungen begrenzt. Zudem sind die Mitglieder verpflichtet, Anteilsscheine an der Genossenschaft in Form von Lieferrechten zu erwerben. Dies dient der Kapitalbeschaffung zur Finanzierung der genossenschaftlichen Einrichtungen. Die Mitglieder sind vertraglich durch **Lieferrechte und Lieferpflichten** an die Genossenschaft gebunden, die damit die Auslastung ihrer Anlagen sicherstellt. Die Lieferrechte sind zwischen den einzelnen Erzeugern handelbar, allerdings muss das Direktorium (Board of Directors) einem solchen Transfer zuvor zustimmen. Die allermeisten der New Generation Cooperatives folgen der für Genossenschaften üblichen Begrenzung des Stimmrechtes der Mitglieder auf jeweils eine Stimme, doch sind hier teilweise bereits Lockerungen erkennbar (Coltrain et al. 2000). Damit nähern sich diese Genossenschaften an die Organisations- und Strukturmerkmale großer, nichtgenossenschaftlicher Organisationen an. Auch dies ist eine Folge des Industrialisierungsprozesses der Landwirtschaft, der Verschärfung des Wettbewerbs zwischen den Marktteilnehmern und der Ausbildung von integrierten Produktionsketten.

In vielen **weniger entwickelten Ländern** stehen heute die kleinen landwirtschaftlichen Produzenten vor ähnlichen Problemen wie die Landwirte in Mitteleuropa in der zweiten Hälfte des 19. Jh. Es fehlt ihnen der Zugang zu Kapital und zu den Absatzmärkten, die Möglichkeit, ihre Waren zum nächstgelegenen Markt zu transportieren, fachliche Beratung, die Möglichkeit, größere Partien einheitlicher Qualität zusammenzustellen und anzubieten usw. Hier sind **landwirtschaftliche Kooperativen** ein wirksamer Weg zur Verbesserung der Situation und zur tätigen Selbsthilfe.

3.3 Räumliche Produktionsschwerpunkte

Bedingt durch die lang andauernde agrarische Tätigkeit des Menschen, die Vielfalt der Standortbedingungen, die spezifischen Ansprüche von Nutzpflanzen und -tieren, die kulturellen Prägungen sowie die zahlreichen weiteren Einflussfaktoren hat sich ein komplexes räumliches Ordnungsmuster der Agrarwirtschaft auf der Erde ausgebildet.

3.3.1 Food Crops – Cash Crops

Die **Food Crops** sind vorrangig für die Selbstversorgung und den Inlandskonsum bestimmt. Es sind **Grundnahrungsmittel**, die auch als „Nahrungsfrüchte" bezeichnet werden. Als **Cash Crops** werden dagegen Feldfrüchte bezeichnet, die nicht zur Selbstversorgung geeignet sind, sondern für den **Verkauf und Export** angebaut werden. Hierzu gehören auch zahlreiche Produkte, wie beispielsweise Kaffee, Kakao, Tee oder Bananen, deren Anbau in tropischen und subtropischen Ländern gezielt für den Export in die Industrie- und Schwellenländer betrieben wird. In räumlicher Hinsicht ist besonders zwischen den Tropen und den Außertropen zu unterscheiden.

Grundnahrungsmittel in den Tropen

Die wichtigsten **tropischen Grundnahrungsmittel** sind Reis, Mais, Hirse, Maniok und Banane, wobei die letztgenannte Frucht in einer Vielfalt von Sorten auftritt und nicht mit den Exportbananen verwechselt werden darf.

Knollenfrüchte

Traditionell große Bedeutung haben in den Tropen **stärkereiche Wurzelknollen**, von denen es regional sehr unterschiedliche Ausprägungen gibt und die noch immer in großer Menge auch in kleinbäuerlicher Wirtschaft vor allem für die Selbstversorgung erzeugt werden. Die amtlichen Statistiken vermitteln nur sehr ungenaue Größenordnungen über die Produktionsmengen, da die kleinbäuerliche Produktion zur Selbstversorgung entweder gar nicht erfasst oder nur geschätzt werden kann. **Maniok** oder Cassava (*Manihot esculenta*) stammt ursprünglich aus dem tropischen Südamerika, hat sich aufgrund seiner leichten Kultivierbarkeit jedoch auch in Afrika und Südostasien ausgebreitet. Mit einer Erntemenge von etwa 233 Mio. t ist sie mit Abstand die bedeutsamste tropische Knollenfrucht. Die Wurzelknollen der mehrjährigen strauchartigen Pflanze werden zum Verzehr zu Mehl verarbeitet und in Form von Brei oder Fladen verzehrt oder technisch zur Stärkegewinnung verarbeitet. Eine Lagerhaltung der geernteten Knollen ist praktisch nicht möglich, da rasch Fäulnis einsetzt. Auf dem Weltmarkt werden zu Trockenschnitzeln verarbeitete Maniokknollen, Maniokmehl und das daraus hergestellte Tapioka als Futtermittel verkauft.

Mengenmäßig rangiert an zweiter Stelle mit rund 110 Mio. t Produktionsmenge die **Batate** oder Süßkartoffel (*Ipomoea batatas*). Sie enthält in ihren Wurzelknollen neben der Stärke noch so viel Zucker, dass sie süßlich schmeckt. Sie wird gekocht oder gebraten genossen; auch die Blätter werden als Gemüse oder Futter verwertet. Die Lagerfähigkeit der Knollen ist begrenzt. Der Anbau von Bataten ist auf China und Südostasien konzentriert.

Unter der Bezeichnung **Yamswurzel** oder Yams werden verschiedene *Dioscorea*-Arten zusammengefasst, deren Wurzelknollen sich in Größe, Gestalt und Inhaltsstoffen voneinander unterscheiden. Sie können teilweise ein Gewicht von bis zu 20 kg erreichen, erfordern aber besonders viel Handarbeit. Die Yamswurzel ist vor allem in Afrika verbreitet, die weltweite Produktionsmenge betrug im Jahr 2008 etwa 52 Mio. t.

Auch die ursprünglich aus Südostasien stammende Wasserbrotwurzel oder **Taro** (*Colocasia esculenta*) hat sich über die Tropenregionen der Welt ausgebreitet, erlangt mit einer Jahresproduktion von 12 Mio. t jedoch nur eine begrenzte Bedeutung. Sie ist der Familie der Aronstabgewächse zugehörig. Die stärkehaltigen Rhizome werden in gekochtem Zustand genossen, die mineral- und vitaminreichen Blätter als Gemüse gegessen.

Von großer und weiter zunehmender Bedeutung für die Grundversorgung der Bevölkerung sind die **Getreidearten**, wobei in den Tropen als heimische Kulturen Reis, Mais und verschiedene Hirsen zu nennen sind. Der **Reis** (*Oryza sativa*) ist ein mehrjähriges, aber in der Kultur überwiegend einjährig gehaltenes Rispengras. Es tritt in zahlreichen Varietäten auf. Die beiden wichtigsten Sortengruppen sind die tropischen Indica-Sorten mit besonders hohen Temperaturansprüchen und die in den Subtropen angebauten Japonica-Sorten. Hinter dem Mais (823 Mio. t im Jahr 2008) und dem Weizen (690 Mio. t) nimmt der Reis mit einer Jahresmenge von 685 Mio. t weltweit die dritte Stelle unter den wichtigsten Getreiden ein (Abb. 3-4).

Reis

Sein räumlicher Verbreitungsschwerpunkt liegt in Ost-, Südost- und Südasien (Abb. 3-5). In diesen besonders dicht bevölkerten Gebieten ist der Reis die wichtigste Ernährungsgrundlage. Der Reisbau prägt ausgedehnte Kulturlandschaften im tropischen Asien, und der Reiskonsum ist in der Kultur tief verwurzelt. Reisbaulandschaften sind von breiten Stromtälern bis hin zu aufwendigen Terrassenkulturen im Bergland zu finden. In Anpassung an unter-

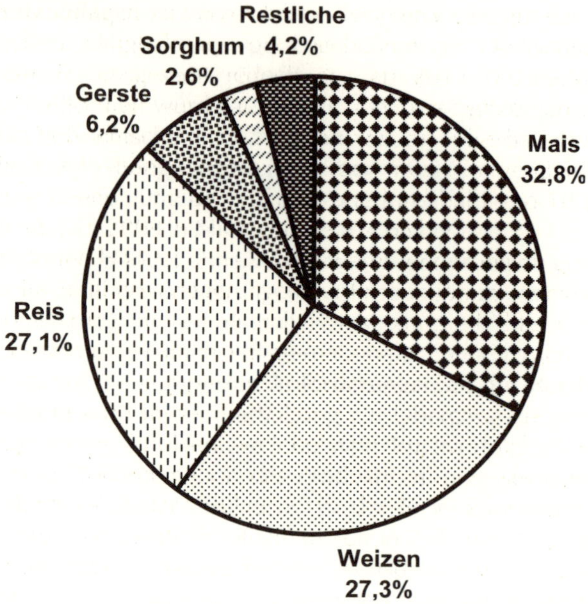

Abb. 3-4: Weltgetreideproduktion nach Getreidearten (2008) (FAO-DATENBASIS)

schiedliche agrarökologische Standortbedingungen haben sich vielfältige Formen des Reisanbaus entwickelt (UHLIG 1983). An vielen feuchttropischen Standorten ermöglicht erst der Reisbau eine intensive landwirtschaftliche Nutzung, und zwar in Monokultur und ohne die Notwendigkeit eines Fruchtwechsels. Von dem im Regenfeldbau betriebenen Trockenreisbau ist der Nassreisbau zu unterscheiden, der sowohl an Standorten mit natürlicher Überflutung entlang der tropischen Flüsse, als auch auf Feldern mit Einstau von Regenwasser oder mit künstlicher Wasserzufuhr praktiziert wird. Mit Bewässerung lassen sich hohe Erträge in sogar zwei oder mehr Ernten pro Jahr erzielen. Besonders hohe Ernteerträge werden in den Subtropen mit nur einer Erntesaison erreicht, z.B. im Mittelmeerraum und in Kalifornien. Im Unterschied zu den meisten anderen Getreidearten wird Reis fast ausschließlich zu Ernährungszwecken verwendet. Insbesondere in den asiatischen Staaten liegt der Pro-Kopf-Verbrauch mit Werten über 100 kg (teilweise sogar über 200 kg) sehr hoch, verglichen mit dem Weltdurchschnitt (81 kg) und den Staaten West-Europas (Deutschland: 5 kg) oder den USA (13 kg). In den asiatischen Ländern ist zu beobachten, dass mit steigendem Pro-Kopf-Einkommen der Reisverbrauch zunächst ansteigt. Erreicht das Einkommen jedoch ein bestimmtes Niveau, so wird Reis zunehmend durch andere Erzeugnisse ersetzt und der Pro-Kopf-Verbrauch sinkt wieder.

Mais

Eine weitere Anbaupflanze von weltweiter Bedeutung ist der **Mais** (*Zea mays*), der ausgehend von Lateinamerika eine Verbreitung sowohl in den Tropen und Subtropen als auch in den Ländern der gemäßigten Breiten gefunden hat. Er tritt in zwei Verwendungsformen auf: In wärmeren Regionen wird er vorzugsweise als **Körnermais** geerntet und verschiedenen Verwendungen zugeführt. Wo die Körner aus klimatischen Gründen nicht zur Reife gelangen, findet er als **Grünmais** Verwendung. Dabei wird die gesamte Pflanze in Form von Silage als Viehfutter genutzt. Darüber hinaus hat der Mais eine neue Verwendung als Rohstoff zur Gewinnung von Bioenergie gefunden (vgl. Kap. 4.2).

Auf trockenen Standorten der Tropen und Subtropen sind dagegen verschiedene **Hirsearten** anzutreffen. Sie werden fast ausschließlich für den lokalen Verbrauch angebaut. Am bedeutendsten ist mit 66 Mio. t (2008) die Sorghum-Hirse (*Sorghum bicolor*), gefolgt von den Millet-Hirsen (Jahresproduktion 36 Mio. t), die mehrere Getreidearten umfassen.

Grundnahrungsmittel der gemäßigten Klimate

Die **Grundnahrungsmittel der Außertropen** werden vor allem durch **Getreide** gebildet. Für die Getreidearten gibt es zahlreiche Verwendungsmöglichkeiten, was in der Unterscheidung zwischen **Brotgetreide** (Weizen, Roggen) und **Futtergetreide** (z.B. Gerste, Hafer) deutlich wird. Getreide wird aber auch für noch andere Zwecke verwendet wie beispielsweise zur Gewinnung von Ethanol, Bier, Stärke und Süßstoffen. In den entwickelten Industrieländern ist die Futtermittelindustrie der bedeutendste Verbraucher für Getreide, aber auch in den Entwicklungsländern wächst ihr Anteil, da mit höherem Lebensstandard der Fleischverbrauch ansteigt und somit größere Mengen an Futtermitteln benötigt werden. Der dritte Bereich umfasst die **Stärkegewinnung**. Rund 70% der Weltstärkeproduktion werden zur Erzeugung von Stärkezucker (vor allem Isoglukose) verwendet, wozu insbesondere der Mais dient. Von der Weltgetreideproduktion entfielen 2008 rund 33% auf Mais, und jeweils 27% auf Weizen und auf Reis. Die anderen Getreidearten fallen dagegen kaum ins Gewicht. Der Mais findet vor allem als Futter Verwendung, vornehmlich für Geflügel.

Weizen

Das mit großem Abstand bedeutendste Nahrungsgetreide ist der **Weizen**. Er tritt in zahlreichen Formen auf, von denen insbesondere der Weichweizen (*Triticum aestivum*) und der Hartweizen (*Triticum durum*) zu nennen sind. Der Hartweizen kommt mit weniger als 500 mm Jahresniederschlag aus und spielt als wärmeliebende Pflanze vor allem im Mittelmeergebiet und in Vorderasien eine Rolle. Auf ihn entfallen etwa 10% des Weltweizenanbaus. Der Weichweizen, der 90% des Weltweizenanbaus ausmacht, ist eine anspruchsvolle Pflanze und benötigt schwere, nährstoffreiche Böden, vor allem Lehmböden oder Schwarzerde mit hoher Wasserkapazität. Daher konzentriert sich der Weichweizenanbau insbesondere auf die gemäßigten Klimazonen (Abb. 3-6).

Die „Kornkammern“ der Erde liegen in den natürlichen Grasländern (Steppen), wo hohe Produktionsmengen erzielt werden. Diese sind in der Regel jedoch nicht das Ergebnis einer Intensivwirtschaft, vielmehr erfolgt der Anbau extensiv mit niedrigen Hektarerträgen, allerdings auf großer Fläche. Zahlreiche Staaten produzieren Weizen und viele sind in den Weizenhandel involviert. Dies liegt auch an den zahlreichen Sorten und Qualitätsausprägungen, die es nötig machen, für den jeweiligen Verwendungszweck das benötigte Material zu beschaffen. Derzeit werden rund 65% der Weizenproduktion zur Gewinnung von Nahrungsmitteln verwendet, 17% werden als Futtermittel verbraucht, der Rest entfällt auf industrielle Zwecke und auf die Verwendung als Saatgut.

Kartoffeln

Gegenüber den Getreiden treten in den Außertropen die Wurzelfrüchte oder Wurzelknollen stark zurück. Eine große Bedeutung hat lediglich die

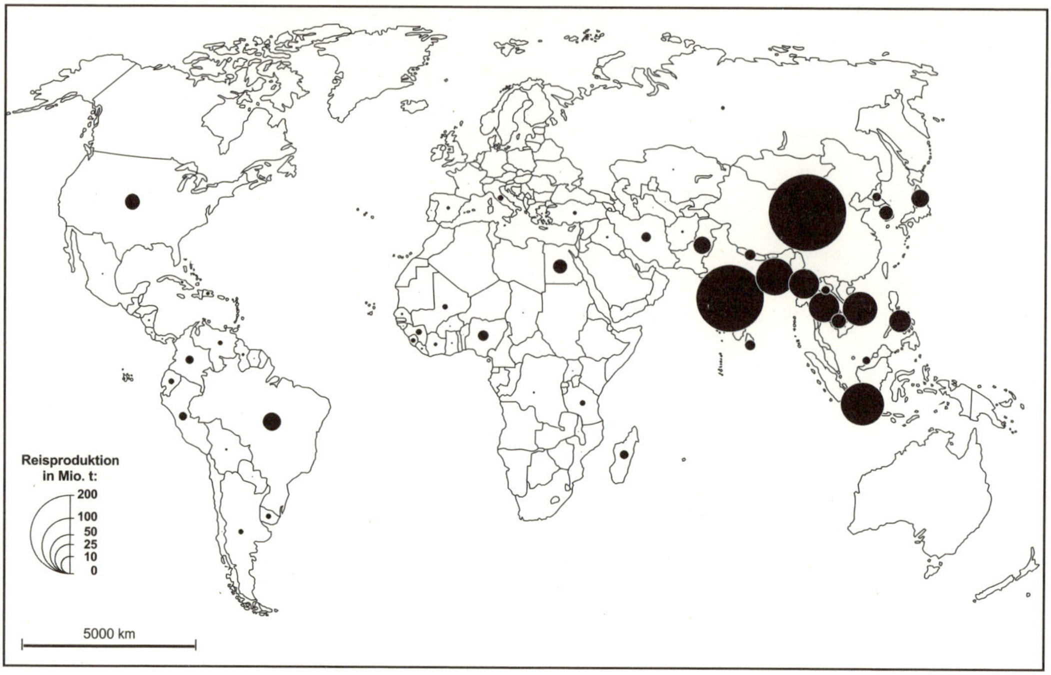

Abb. 3-5: Reisproduktion nach Staaten (2008) (FAO-DATENBASIS)

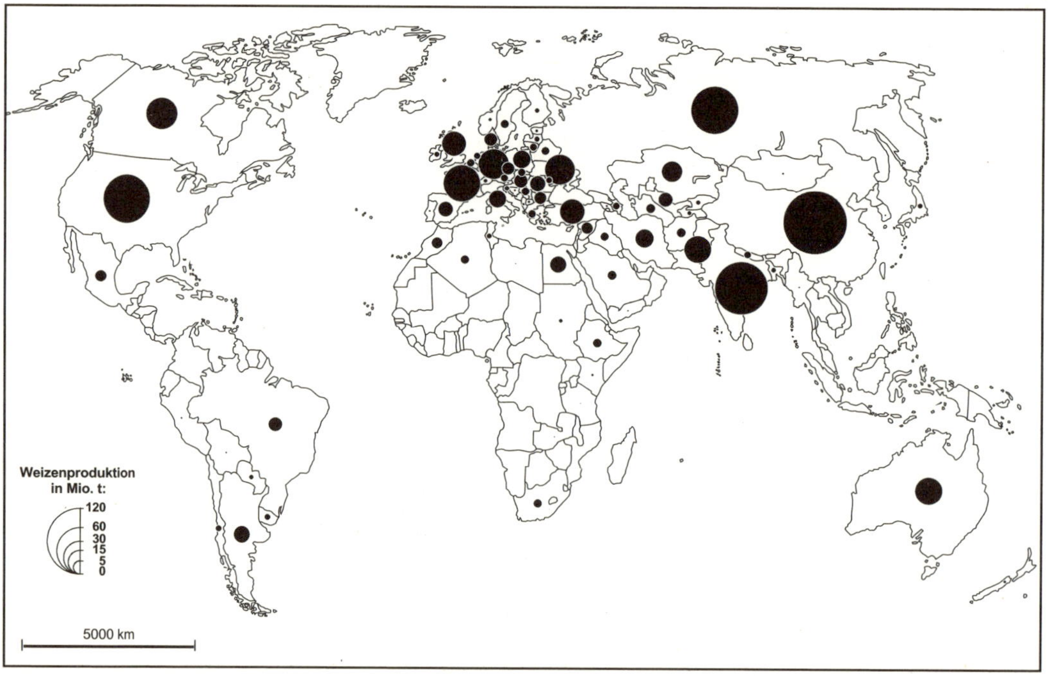

Abb. 3-6: Weizenproduktion nach Staaten (2008) (FAO-DATENBASIS)

Kartoffel (*Solanum tuberosum*) erlangt, die ihren Ursprung in den Anden Südamerikas hatte und von den Spaniern nach Europa gebracht wurde. Aus ihr wurden zahlreiche Kulturformen gezüchtet, die auch an unterschiedliche Standortbedingungen der gemäßigten Breiten angepasst sind. Diese Kulturformen sind empfindlich gegen Frost und Staunässe, benötigen ein kühl-gemäßigtes Klima und nicht zu hohe Niederschläge. Sie sind daher an die Bedingungen gemäßigter Klimate sehr gut angepasst. Der Anbauschwerpunkt liegt in Europa, gefolgt von Asien (vor allem China). Besondere Vorteile liegen in der hohen Produktivität der Pflanze und der guten Lagerfähigkeit der Knollen. Im Verbrauch hat sich in den entwickelten Ländern ein Wandel vollzogen. Früher wurden Kartoffeln als Grundnahrungsmittel genossen, heute stellen sie oftmals nur eine Zukost dar oder werden in veredelter Form (Chips, Pommes Frites) verzehrt.

In Regionen mit spezialisierten Betrieben ist die Produktion fast gänzlich auf den Markt ausgerichtet, der Eigenverbrauch spielt dagegen kaum eine Rolle. Daher sind nahezu alle Anbauprodukte in den gemäßigten Breiten als Cash Crops zu betrachten. Ausnahmen stellen lediglich Futtermittel (z. B. Silagemais) dar.

Marktprodukte: Beispiel Kaffee

Von der Vielzahl der **Cash Crops** soll im Folgenden als typisches Erzeugnis der **Tropen** lediglich der **Kaffee** dargestellt werden. Als tropische Pflanzen sind Kaffeesträucher in hohem Maße frostempfindlich und stellen außerdem hohe Ansprüche an den Boden. Der Hochland-Kaffee oder Arabica-Kaffee (*Coffea arabica)* benötigt eine Durchschnittstemperatur von 17–23 °C und 1.500–2.000 mm Jahresniederschlag (Rehm/Espig 1996, S. 236). In Äquatornähe müssen die Anbauflächen hoch gelegen sein, um eine gute Qualität erzielen zu können. Der Tiefland-Kaffee oder Robusta-Kaffee (*Coffea canephora)* benötigt höhere Temperaturen und Niederschläge. Er eignet sich gut für tiefer gelegene Anbauflächen der inneren Tropen mit ganzjährigen Niederschlägen. Die jüngere Entwicklung zeigt eine Verlagerung von der Erzeugung des qualitativ hochwertigeren Arabica-Kaffees hin zum billigeren Robusta, der gerne für die Herstellung von löslichem Kaffee verwendet wird. Robusta-Sorten und ihre Hybride erreichen inzwischen einen Marktanteil von fast zwei Dritteln (Borsdorf 2006). In mehr als 50 Staaten wird Kaffee in wirtschaftlich bedeutenden Größenordnungen produziert, wobei sowohl kleinbäuerliche Erzeugung als auch große Plantagenbetriebe vorkommen. Im Jahr 2008 wurden weltweit auf 9,7 Mio. ha insgesamt 8,2 Mio. t Rohkaffee erzeugt (FAO-Datenbasis), davon mehr als die Hälfte in den drei führenden Erzeugerländern (Brasilien, Vietnam, Kolumbien). Die Kaffeeproduktion ist auf die tropischen Länder beschränkt (Abb. 3-7), während die Schwerpunkte des Imports und Konsums von Kaffee vornehmlich in den Industrieländern der gemäßigten Breiten zu finden sind. Knapp 80 % des weltweit erzeugten Rohkaffees („Green Coffee") gelangen in den Export. Der arbeitsintensive und häufig von Familienbetrieben getragene Kaffeeanbau bringt in vielen Entwicklungsländern Beschäftigung und Einkommen.

Weltmarkt für Kaffee

Der Kaffee unterliegt relativ großen **Ernteschwankungen**. Deren Auftreten im größten Erzeugerland Brasilien destabilisiert den Weltkaffeemarkt. Frostereignisse und Dürren haben in Brasilien wiederholt zu Ernteeinbußen und entsprechenden Einwirkungen auf den **Weltmarktpreis** für Kaffee geführt (Dünckmann 2002). Die durch Angebotsverknappung gestiegenen Preise

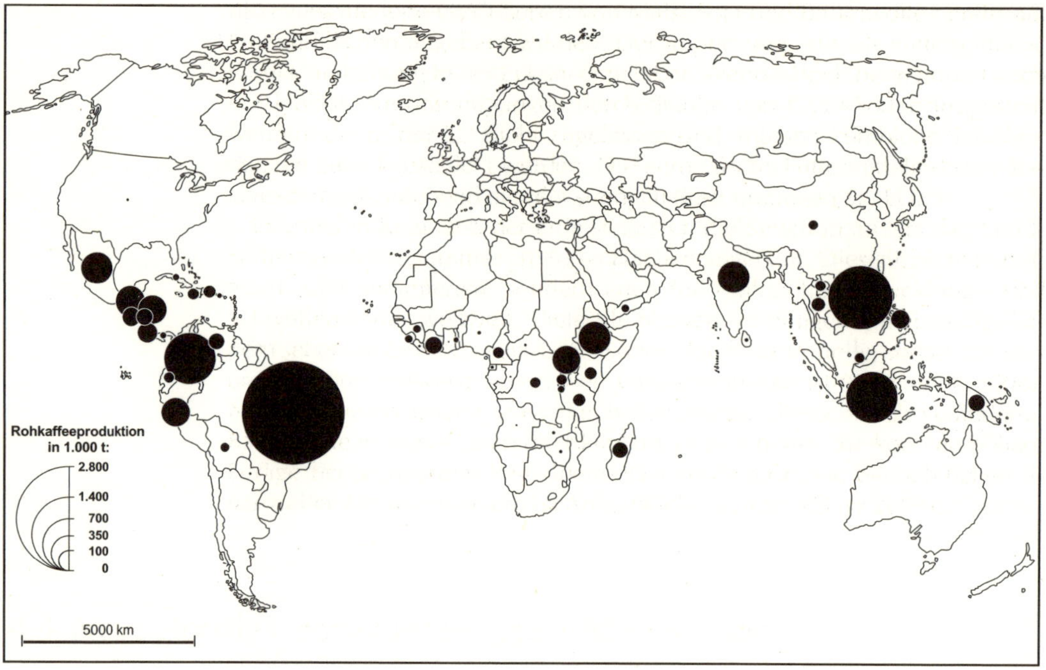

Abb. 3-7: Rohkaffeeproduktion nach Staaten (2008) (FAO-Datenbasis)

gaben Anreize zur Ausweitung der Produktion, sodass schließlich wieder ein Überangebot und erneuter Preisverfall folgten. Als Dauerkultur kann der Kaffeeanbau jedoch nur mit Verzögerung auf Marktimpulse reagieren. Während Hochpreisphasen die Anbauausweitung anregen, erfolgt bei sinkenden Preisen keineswegs eine entsprechende Reduzierung des Angebots an Rohkaffee. Gerade kleinere Betriebe sehen sich gezwungen, die erlittenen Einkommensverluste durch Produktionssteigerungen auszugleichen, sodass Überangebot und Preisverfall weiter angetrieben werden (Nuhn 2004). Durch verschiedene internationale Abkommen zwischen wichtigen Erzeugerländern, auch unter Beteiligung von Importländern, ist immer wieder versucht worden, den Kaffeemarkt zu regulieren. Quotenvereinbarungen im **Kaffeeabkommen** der Internationalen Kaffeeorganisation wurden jedoch zum Ende der 1980er Jahre aufgegeben. Prozesse der **Liberalisierung des Kaffeemarktes** haben sich durchgesetzt, aber keineswegs die Überschussproblematik entschärft. Das fortgesetzte Wachstum der Produktionsmengen an Rohkaffee ist weniger ein Ergebnis von Flächenausweitungen, sondern einer **Produktivitätssteigerung** durch Modernisierung und Intensivierung des Anbaus (Abb. 3-8).

Wandel in der Kaffeeproduktion

Der traditionelle Kaffeeanbau unter hohen Schattenbäumen, häufig in artenreicher Mischkultur und im Stockwerkanbau gehalten, ist immer mehr einer unbeschatteten Monokultur mit höherem Bedarf an Pflanzenschutzmitteln gewichen. Die Technisierung und Ertragssteigerung des Kaffeeanbaus in Zentralamerika erhöht den Druck auf die Marktpreise und führt zu gravierenden Auswirkungen auf die Umwelt (Stamm 1999). Vor dem Hintergrund wachsender Überproduktion, sinkender Preise und der Verdrängung vor allem afrikanischer Länder aus dem Kaffeemarkt wird die Rolle der Weltbank kritisch betrachtet, deren Unterstützung es neuen Erzeugerländern wie Vietnam ermöglicht hat, mit massiver Produktionsausweitung auf den Weltmarkt zu drängen (NUHN 2004). Begünstigt durch die Liberalisierung des Kaffeemarktes hat sich die Kaffeeproduktion in Vietnam äußerst dynamisch entwickelt, sodass dieser neue Massenanbieter innerhalb weniger Jahre zum zweitgrößten Exportland für Kaffee aufgestiegen ist. In Zentralamerika hingegen haben viele Betriebe ihren Kaffeeanbau reduziert oder aufgegeben und suchen nach Möglichkeiten der **Diversifizierung** durch den Anbau neuer Cash Crops (z.B. Zierpflanzen, tropische Früchte, Nüsse), sog. **nicht-traditionelle Exportprodukte** (STAMM 1999, NUHN 2004). Andere Betriebe hingegen streben eine **Spezialisierung** auf besondere Kaffeequalitäten an. Gegenüber dem Vordringen der Kaffee-Hybridsorten und der Dominanz preisgünstiger Massenware zeigt das Wachstum einiger Marktnischen mögliche Auswege aus der Kaffeekrise auf (z.B. Gourmet-Kaffee, ökologisch erzeugter Kaffee, Schattenkaffee, fair gehandelter Kaffee). Dank einer Kooperation der Akteure in der Produktionskette können durch Zertifizierung und Siegelvergabe für bestimmte Kaffeequalitäten verbesserte Marktchancen für Erzeuger angestrebt werden (MAYER 2003). Die Möglichkeiten zur Steigerung der Wertschöpfung durch **Integration von Verarbeitungsstufen** in den Erzeugerländern sind begrenzt, da fast ausschließlich Rohkaffee exportiert wird, der erst in Röstereien der Importländer verarbeitet und in Ausrichtung auf die Präferenzen der Nachfrage zu Mischungen zusammengestellt wird. Die **Wertschöpfung** in der Produktionskette von Kaffee hat sich tendenziell zu den Kaffeehändlern und Röstern hin verschoben, während der Anteil der Kaffeepflanzer an der gesamten Wertschöpfung drastisch zurückgegangen ist (NUHN 2004). Im Kaffeehandel und insbesondere in der Röstung dominieren wenige große Unternehmen das Marktgeschehen. Der Aufbau von

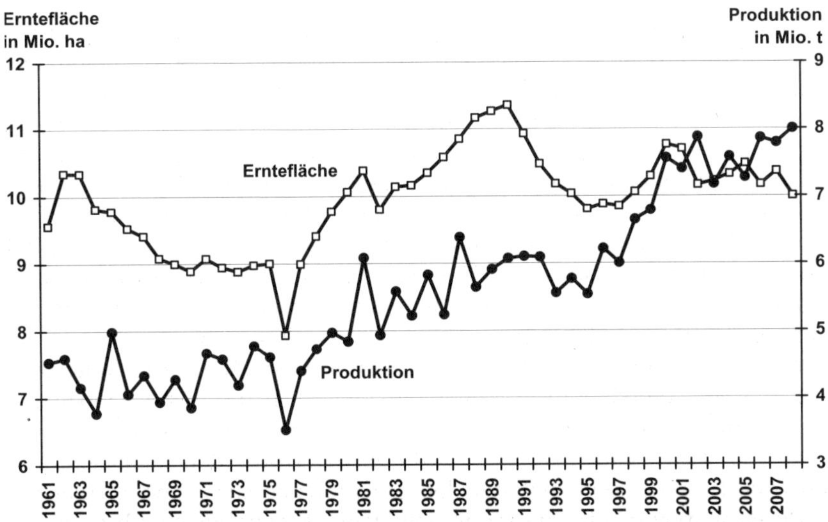

Abb. 3-8: Weltweite Entwicklung der Erntefläche und Produktion von Kaffee (1961–2008) (FAO-DATENBASIS)

Verarbeitungsanlagen zur Herstellung von löslichem Kaffee bietet Ansatzpunkte zu höherer Wertschöpfung in den Erzeugerländern (Talbot 2002).

Als häufig untersuchtes Beispiel einer globalen Produktionskette verdeutlicht Kaffee die **Zusammenhänge** zwischen Veränderungen des Konsumverhaltens in den **Abnehmerländern** und wirtschaftlichen, sozialen und ökologischen Problemen in den **Erzeugerländern**. Borsdorf (2006) stellt die Zusammenhänge dar zwischen dem von Handelskonzernen, Weltbank und Konsumentenverhalten angetriebenen Wandel der Weltkaffeewirtschaft und der Ausbreitung von Koka-Anbau in Südamerika für den internationalen Kokainhandel. Infolge der weltweiten Überproduktion auf ausgedehnten Intensivpflanzungen und der sinkenden Weltmarktpreise sind viele kleinere Pflanzer mit traditionellen Anbautechniken nicht mehr wettbewerbsfähig. Außerdem werden qualitativ geringwertige Rohstoffe, vorrangig aus Robusta- und Hybrid-Sorten, von den Kaffeekonzernen mittels neuer technischer Verfahren geschmacklich „aufgebessert". Borsdorf (2006) schildert, wie durch gezielte Werbung und Durchsetzung veränderter Brühverfahren des Kaffees eine Verdummung der Konsumenten betrieben wird, um die Produkte gewinnbringend abzusetzen zu können. Letztendlich tragen aber auch die Konsumenten, die unbedacht preiswerte Kaffeepackungen wählen, eine Mitverantwortung für die Zerstörung von Agrarökosystemen, für die Verarmung von Bauern in Lateinamerika und für die Drogenproblematik im eigenen Land (Borsdorf 2006, S. 369).

Einflüsse des Konsums

Bereits am Beispiel des Kaffees lassen sich unterschiedliche Organisationsformen und Entwicklungstendenzen in der Produktionskette tropischer Cash Crops aufzeigen. Untersuchungen zu verschiedenen Produkten wie Kaffee, Tee und Kakao weisen auf erhebliche Differenzen zwischen einzelnen Cash Crops, aber auch zwischen den Erzeugerländern hin. Von entscheidender Bedeutung für die Entwicklungen in der Produktionskette und die Wertschöpfungsmöglichkeiten in den Erzeugerländern ist, ab welchem Verarbeitungsgrad ein agrarisches Produkt lager- und transportfähig wird und welche Rahmenbedingungen die Staaten für Produktion und Handel setzen (Talbot 2002). Im Folgenden wird eine allgemeine Übersicht zum Wandel der Plantagenwirtschaft gegeben.

3.3.2 Plantagenprodukte in Vergangenheit und Gegenwart

Plantagenwirtschaft

Zahlreiche geographische Untersuchungen zur Agrarwirtschaft in den **Tropen** haben ihre Aufmerksamkeit auf die **Plantagen** gerichtet, deren Entstehung kolonialen Ursprungs ist. Die Plantagenwirtschaft hat die Entwicklung der Weltwirtschaft und insbesondere der nationalen Märkte tropischer Länder entscheidend mitbestimmt (Hottes 1992). Auch viele ältere Darstellungen sind bis heute lesenswert und verdeutlichen den Wandel der Plantagenwirtschaft. Besonders ausführlich hat bereits Waibel (1933, S. 22) verschiedene Auffassungen zur Entstehung und weiteren Entwicklung der tropischen Plantagen diskutiert und eine Definition vorgeschlagen: „Eine Plantage ist ein landwirtschaftlich-industrieller Großbetrieb, der in der Regel unter Leitung von Europäern bei großem Aufwand von Arbeit und Kapital hochwertige pflanzliche Produkte für den Markt erzeugt." Gebiete der Plantagen-

Definitionen

wirtschaft sind auch nach Ende der Kolonialzeit häufig von besonderen sozialen Gegensätzen geprägt. Die Plantage als Betriebsform wurde aus modernisierungstheoretischer und aus dependenztheoretischer Perspektive kontrovers diskutiert, ist häufig öffentlicher Kritik ausgesetzt und unterliegt einem Wandel in Anpassung an die politischen und wirtschaftlichen Rahmenbedingungen. In der Gegenwart ist unter einer Plantage somit ein großflächiger Agrarbetrieb der Tropen oder Subtropen zu verstehen, „der unter hohem Kapital- und Arbeitseinsatz und mit professionellem betriebswirtschaftlichen Management ein oder zwei Produkte anbaut, in ersten Schritten verarbeitet und für den Export vermarktet" (DÜNCKMANN 2004, S. 4).

Merkmale

Plantagen wurden zur Versorgung der Länder Europas mit Agrarprodukten aus den Tropen aufgebaut. Die **Exportorientierung** erforderte eine verkehrsgünstige Lage in Küstennähe sowie die Einrichtung von Häfen und Transportwegen ins Hinterland. Großflächige Plantagen entstanden in weniger dicht besiedelten Gebieten und bildeten innerhalb der tropischen Länder Enklaven mit enger Bindung an die europäischen Märkte. Bekannte **Plantagenprodukte** sind z.B. Zuckerrohr, Bananen, Tee, Kautschuk, Ölpalmen und Sisal, neben den Dauerkulturen aber auch einjährige Kulturen wie Baumwolle und Tabak. Plantagenkulturen haben wertvolle Impulse für die tropische Agrarforschung bewirkt. Gegenüber einer Pflanzung besteht ein besonderes Kennzeichen der Plantage darin, dass sie über eigene Anlagen zur **Aufbereitung** oder sogar zur **Verarbeitung** ihrer Erzeugnisse verfügt. In einer ganzjährigen Vegetationsperiode werden in großflächigen **Monokulturen** große Mengen hochwertiger Produkte erzeugt und für den Export transportfähig gemacht. Innerhalb einer arbeitsteiligen Wirtschaft ist die Plantage einseitig auf den Anbau und die Verarbeitung meist nur eines pflanzlichen Produktes ausgerichtet. Die Investitionen in die Anlage von Dauerkulturen und spezieller technischer Einrichtungen binden viel **Kapital**. Die arbeitsintensiven, schwer mechanisierbaren Dauerkulturen benötigen außerdem eine hohe Zahl an **Arbeitskräften**, die großenteils auf der Plantage oder in unmittelbarer Nähe untergebracht sind. Die Leitung einer Plantage erfordert umfassende pflanzenbauliche, arbeitsorganisatorische und betriebswirtschaftliche Kenntnisse sowie enge Marktkontakte. Die Größe, das marktorientierte Management und die fortschrittlichen agrarwissenschaftlichen und technisch-industriellen Grundlagen der Plantagen gewährleisten die Erzeugung großer Mengen homogener und qualitativ hochwertiger Agrarprodukte für den Export. Die Monokulturen des Plantagenanbaus sind jedoch krisenanfällig. Pflanzenkrankheiten, naturräumliche Einflüsse, politische Veränderungen, Innovationen und Schwankungen der Marktpreise wirken auf die Entwicklung der Plantagen ein. In einigen Ländern haben sich im Laufe der Geschichte verschiedene Plantagenkulturen einander abgewechselt (sog. Nachfolgekulturen), sodass eine Abfolge wirtschaftlicher Zyklen zu beobachten ist.

Entwicklung der traditionellen Plantage

Die traditionelle Plantage war nicht nur als ökonomisches, sondern auch als soziales System zu betrachten. Die Rangordnung vom Manager bis hin zum Feldarbeiter spiegelte sich auch im Siedlungsnetz der Plantage wider. ARNOLD (1997) unterscheidet drei **Entwicklungsphasen** der Plantagenwirtschaft: von der klassischen traditionellen Plantage des 16.–19. Jh. mit Sklaveneinsatz, über die moderne kapitalistische Plantage mit Kontraktarbeitern seit Mitte des 19. Jh., bis hin zur Plantage der Postkolonialzeit, die sich in den nun unabhängigen Ländern weiterentwickelt und Devisen erwirtschaftet. In jüngerer Zeit erfolgt häufig eine Verknüpfung von Plantage und einer größeren Zahl von Vertragsanbauern. Die Entwicklung des Plantagenanbaus begann mit der Übertragung des Zuckerrohrs aus dem Mittelmeerraum auf einige atlantische Inseln (Madeira, Kanarische Inseln, São Tomé) und in die Neue Welt. Seit dem 16. Jh. sind insbesondere in der Karibik zahlreiche **Zuckerplantagen** entstanden. Die karibischen Inseln und Küstengebiete boten geeignete Standorte, um Zucker zu produzieren und als gut transportfähiges und wertvolles Marktprodukt nach Europa zu bringen. In Afrika wurden Sklaven beschafft und über den Atlantik nach Amerika gebracht, wo die Plantagen dringend weitere Arbeitskraft benötigten. Sklavenhandel und der Aufbau der Plantagenwirtschaft waren eng miteinander verbunden (sog. Dreieckshandel zwischen Europa, Afrika, Amerika). Auf kolonialen Plantagen wurden zunächst afrikanische Sklaven eingesetzt; in einer späteren Phase transportierte man dann Kontraktarbeiter aus dicht besiedelten Regionen Asiens zu den Plantagen.

In seiner ersten Entwicklungsphase (1790–1860) erfolgte der **Baumwollanbau** in den USA in der Betriebsform der Plantagenwirtschaft mit Sklavenhaltung, mit einer ihm eigenen Sozial- und Siedlungsstruktur (WINDHORST 2002). Der „cotton belt" im Südosten der USA bildete sich heraus. Der amerikanische Bürgerkrieg ließ jedoch diese Form von Plantagenwirtschaft zusammenbrechen, was einen Übergang zu neuen Betriebsformen zur Folge hatte. Die Bewirtschaftung der Flächen oblag nun großenteils Pächtern. Zwar wurde weiterhin Baumwolle angebaut, und der Großgrundbesitz blieb im Wesentlichen bestehen, aber an die Stelle der Plantage waren viele Pachtbetriebe getreten, die Baumwolle an die Verpächter lieferten. Die weitere Entwicklung des Baumwollanbaus in den USA seit Ende des 19. Jh. ist von der Bekämpfung eines neu aufgetretenen Schädlings (Baumwollkapselkäfer) und Prozessen der räumlichen Verlagerung gekennzeichnet.

Wandel der Plantagenwirtschaft

Die **Ablösung der traditionellen Plantage** durch andere Organisationsformen lässt sich auch am Beispiel des exportorientierten Bananenanbaus aufzeigen. Bereits gegen Ende des 19. Jh. haben große Handelsgesellschaften in Zentralamerika **Bananenplantagen** angelegt, insbesondere zur Belieferung des Marktes in den USA. Dazu wurden küstennahe Regenwälder großflächig gerodet und infrastrukturell erschlossen. Die kapitalstarken ausländischen Großunternehmen kontrollierten dabei die gesamte Produktionskette. Sie verfügten über Plantagen in verschiedenen Ländern und ausreichend Macht zur Durchsetzung ihrer Interessen gegenüber den schwachen Regierungen der sog. „Bananenrepubliken", deren Wirtschaft einseitig vom Export der Früchte abhängig war. Immer wieder waren die Bananenmonokulturen jedoch von der Ausbreitung von Krankheiten und Schädlingen bedroht, so dass viele Plantagen aufgegeben oder verlagert werden mussten. Am Beispiel von Costa Rica stellt NUHN (2003) dar, wie nach dem Niedergang des traditionellen Systems der Bananenplantagen neue Formen der Arbeitsteilung zwischen internationalen Exportgesellschaften und lokalen **Vertragsanbauern** während der zweiten Hälfte des 20. Jh. einen zweiten Bananenzyklus einleiten. Die Selektion krankheitsresistenter Bananenstauden, die Steigerung der Flächenerträge, Verbesserungen im Transport, Werbekampagnen für starke Marken und wirtschaftspolitische Maßnahmen haben wieder für ein wachsendes Interesse an der Ausweitung und Intensivierung der Produktion gesorgt, die nun nicht mehr innerhalb einer Enklave, sondern in wachsender Verflechtung mit der Wirtschaft des Landes erfolgt. Zwar nehmen die Fruchtgesellschaften weiterhin eine Schlüsselrolle in der Produktionskette für Bananen ein, doch neue Akteure, wie vor allem die Vertragsanbauer, aber auch Vertreter von *non-governmental organizations* (NGOs) sowie wirtschafts-, sozial- und umweltpolitische Zielsetzungen der Erzeugerländer üben einen wachsenden Einfluss auf den Wandel der Bananenwirtschaft aus. In Antwort auf die schwierige Marktsituation vieler klassischer Plantagenprodukte und die schnell wechselnden Forderungen des immer mächtigeren Lebensmitteleinzelhandels tendieren große Fruchthandelsgesellschaften zum **Aufbau neuer Organisationsstrukturen**, die ihnen die notwendige Flexibilität zur Anpassung an Marktentwicklungen bieten, sodass sich nun verschiedene Formen der Arbeitsorganisation und des Vertragsanbaus herausbilden (DÜNCKMANN 2004).

Jüngere Entwicklungen der Plantagenwirtschaft

Während einige traditionelle Plantagenkulturen stark rückläufig sind, erfahren andere gegenwärtig eine dynamische Ausweitung. Neue tropische Produkte, die bislang auf dem Weltmarkt kaum eine Rolle gespielt haben, werden zunehmend in die Industrieländer exportiert (z. B. Mango, Papaya). Auch die Entwicklungs- und Schwellenländer werden im Zuge ihres wirtschaftlichen und demographischen Wachstums zu wichtigen Absatzmärkten für einige klassische Plantagenprodukte. Das Beispiel der **Ölpalme** zeigt eine außerordentliche Entwicklungsdynamik eines tropischen Agrarproduktes, das sowohl als Nahrungsmittel als auch als industrieller Rohstoff zunehmend nachgefragt wird. Die Ölpalme spielt eine stetig wachsende Rolle in der Versorgung des Weltmarktes mit pflanzlichen Ölen und nimmt insbesondere in Südostasien große Flächen ein, wo sich der Anbau räumlich konzentriert (Abb. 3-9).

Beispiel: Ölpalme

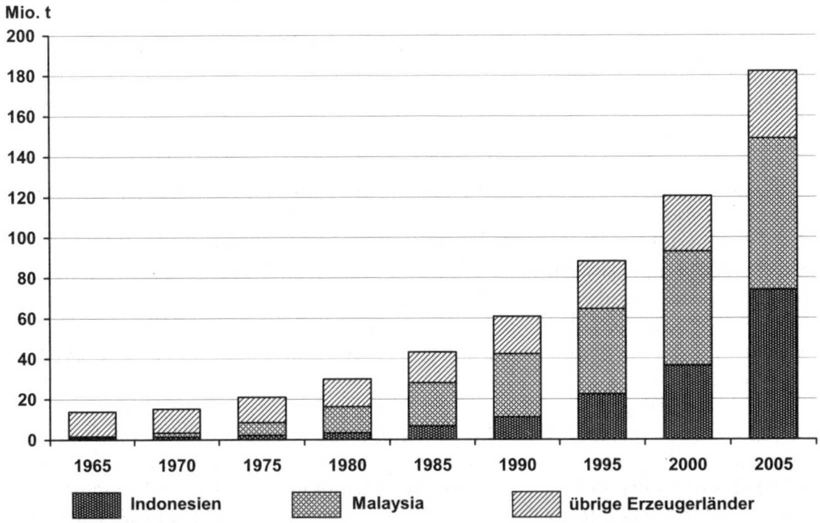

Abb. 3-9: Expansion der Produktion von Ölpalmenfrüchten (1965–2005) (FAO-DATENBASIS)

Für die Auslastung einer Verarbeitungsfabrik ist eine Fläche von mindestens 6.000 ha Ölpalmen notwendig, deren Früchte nach der Ernte sofort verarbeitet werden müssen. Trotzdem erfolgt der Anbau nicht nur in Großbetrieben. In sog. Nukleus-Plantagen sind um eine Kernfläche mit eigenen Ölpalmen, Fabrik und Arbeitern vertraglich angebundene Kleinbauern tätig, die nach festgelegten Regeln ebenfalls Ölpalmenfrüchte an die Fabrik liefern (Scholz, U. 2004). Großflächige, zusammenhängende Plantagenflächen werden somit auch von dort angesiedelten Kleinbauern bewirtschaftet. Auch Kleinbauern außerhalb einer Plantage können einer Fabrik angeschlossen sein. Der hohen Produktivität und dem enormen Entwicklungspotenzial, das die Ölpalme bietet, stehen allerdings **soziale und ökologische Probleme** gegenüber, die sich aus der Rodung ausgedehnter Regenwaldflächen und der Verdrängung von Bevölkerungsgruppen für die Anlage großflächiger Plantagen ergeben.

Die enorme Expansion der Ölpalmenplantagen in den letzten Jahren gilt als Reaktion auf politische Entscheidungen zur Förderung von Biotreibstoffen in Europa vor dem Hintergrund des Ölpreisanstiegs und der Diskussion um den Klimawandel (Pye 2008). In Malaysia hat sich ein industrieller Palmölkomplex herausgebildet mit Konzernen, deren Plantagen z. T. Größenordnungen von 500.000 ha je Unternehmen erreichen. Malaysische Palmölkonzerne mit Kapital aus anderen Wirtschaftssektoren expandieren auch in Indonesien und beherrschen mit eigenen industriellen Anlagen, Forschungseinrichtungen und global präsenten Vertretungen die gesamte Wertschöpfungskette. Sie sind durchaus in der Lage, der zunehmenden Kritik durch NGOs, insbesondere aus den Industrieländern an den ökologischen und sozialen Folgen der Palmölproduktion, mit Gegenkampagnen zu begegnen. Den Forderungen nach mehr Nachhaltigkeit der Produktion wird mit entsprechenden Zertifizierungen und Inszenierungen zur Rechtfertigung einer „nachhaltigen Profitmaximierung“ begegnet (Pye 2008).

3.3.3 Tierhaltung

Bedeutung der Tierhaltung

Im weltweiten Durchschnitt zeichneten im Jahr 2003 (letzte verfügbare Daten) tierische Produkte bei der **menschlichen Ernährung** für rund 17% der täglichen Pro-Kopf-Aufnahme von Nahrungskalorien, für 39% der Proteinaufnahme und für 48% der Fettaufnahme verantwortlich (FAO-Datenbasis). Noch weitaus größer ist der Anteil der **Weltagrarfläche**, der der Erzeugung tierischer Produkte dient. So werden mehr als zwei Drittel der weltweiten Agrarfläche in Form von Wiesen (Grünland, das gemäht wird) und Weiden (Grünland, das beweidet wird) für die Tierhaltung genutzt (Tab. 3-3), und hinzu kommen noch die Ackerflächen, die direkt oder indirekt (über Nebenprodukte) der Futtergewinnung dienen. Der außerordentlich hohe Anteil der viehwirtschaftlich genutzten Fläche ist darauf zurückzuführen, dass große Bereiche am Rande des Siedlungsraumes der Erde aufgrund klimatischer Ungunst nicht ackerbaulich nutzbar sind. In diesen Fällen bietet eine extensive Beweidung, welche zudem häufig saisonal begrenzt ist, die einzige Möglichkeit der agrarischen Inwertsetzung.

Tab. 3-3: Nutzung der weltweiten Agrarfläche (2007) (FAO-DATENBASIS)

	Mio. ha	**%**
Ackerland	1.411	28,6
Wiesen und Weiden	3.378	68,5
Dauerkulturen	143	2,9
Landwirtschaftliche Nutzfläche	**4.932**	**100,0**

Verwendung von Nutztieren

Die **Motive** für die Haltung von Nutztieren sind sehr vielfältig (HORST/PETERS 1978, S. 190). Neben der Erzeugung von **Nahrungsmitteln** (Fleisch, Eier, Milch) oder **Rohstoffen** (Wolle, Häute, Federn) ist in weniger entwickelten Ländern die Nutzung der tierischen **Arbeitskraft** von Bedeutung. So spielt der Asiatische Wasserbüffel (*Bubalus bubalis*) in Südasien als Zugtier für die Bearbeitung der Felder eine große Rolle. Weitere Motive für die Tierhaltung können die Nutzung des anfallenden Kots als Dünger oder als Brennmaterial sowie die Bedeutung von Viehherden als Statussymbol (vor allem in einigen Gesellschaften in Afrika) sein. Auch religiöse Gründe wie Verehrung einzelner Tierarten oder Nahrungstabus können die räumliche Verteilung einzelner Nutztierarten beeinflussen. So ist beispielsweise die Schweinehaltung in muslimisch geprägten Regionen (Nordafrika, Vorderasien) aufgrund der religiösen Ächtung dieser Tiere kaum ausgeprägt (Abb. 3-10), wohingegen sich die hohe Rinderzahl in Indien mit der religiösen Verehrung durch den Hinduismus in Verbindung bringen lässt (Abb. 3-11).

Bedeutende Nutztiere

Weltweite Bedeutung haben nur fünf Tierarten erlangt: Rind, Schaf, Ziege, Schwein und Huhn. Regional oder lokal kommen weitere, an die jeweiligen Extremstandorte angepasste Nutztiere hinzu wie beispielsweise Kamele, Rentiere, Yaks, Bisons oder Lamas. Pferde und Esel werden fast ausschließlich als Zug- und Reittiere gehalten.

Grundsätzlich ist zu unterscheiden zwischen Viehzucht und Viehhaltung. Die **Viehzucht** dient der zielgerichteten Auslese mit der Absicht der Verbesserung der genetischen Tiereigenschaften (z. B. höhere Leistung, geringere Krankheitsanfälligkeit). Bei der **Viehhaltung** steht die Gewinnung tierischer Produkte oder die Nutzung ihrer Arbeitskraft im Vordergrund. Weltweit bestehen große Unterschiede in der Produktivität des gehaltenen Nutzviehs. So betrug die durchschnittliche Milchleistung pro Kuh im Jahr 2008 weltweit 2.343 kg, in den USA waren es 9.343 kg, in Indien dagegen nur 1.145 kg (FAO-DATENBASIS). Ursächlich für diese großen Differenzen sind Unterschiede in den Züchtungslinien, den Futterqualitäten, der Unterbringung der Tiere, dem Gesundheitsstatus, dem Management der Herden u. a. m.

In der Viehhaltung ist je nach **Ausrichtung** zu unterscheiden zwischen der Produktion zur Selbstversorgung oder zur Marktversorgung, nach dem Flächenbesatz mit Tieren zwischen extensiven und intensiven Formen, nach der Ortsgebundenheit zwischen sesshaften und mobilen Formen.

Bei **offenen Viehhaltungssystemen** entstammen die gehaltenen Tiere aus fremden Aufzuchtbetrieben, bei **geschlossenen Systemen** werden sie betriebsintern vermehrt (z. B. Sauenhaltung mit Ferkelproduktion und anschließender Mast). In ihnen ist die Gefahr des Eintrags von Krankheiten oder Seuchen in den Bestand stark verringert.

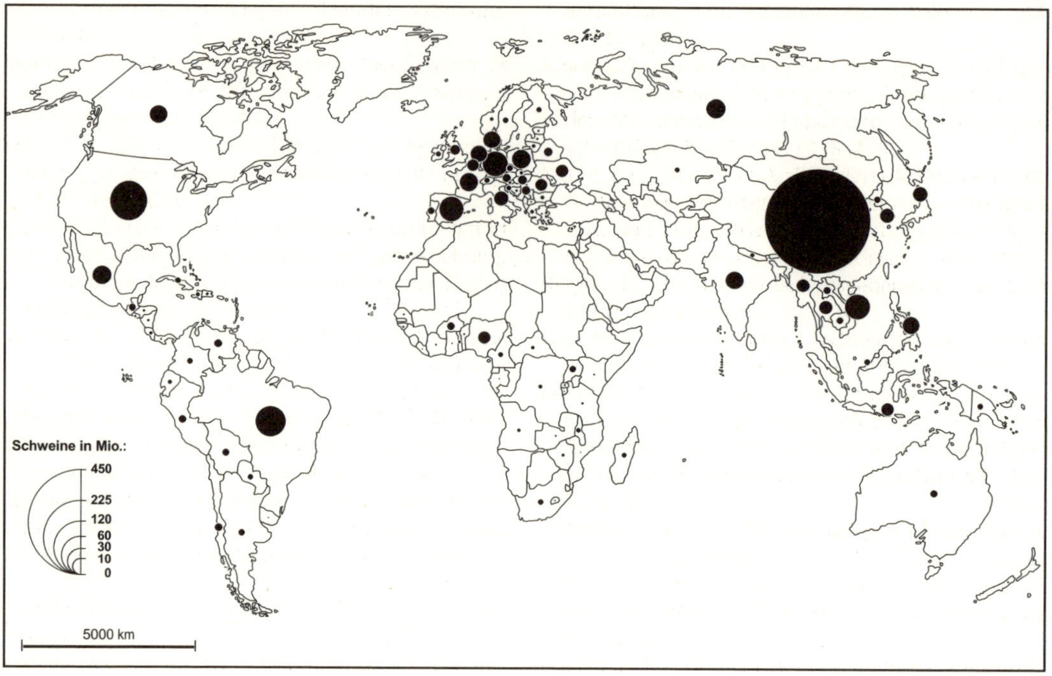

Abb. 3-10: Anzahl der Schweine nach Staaten (2008) (FAO-DATENBASIS)

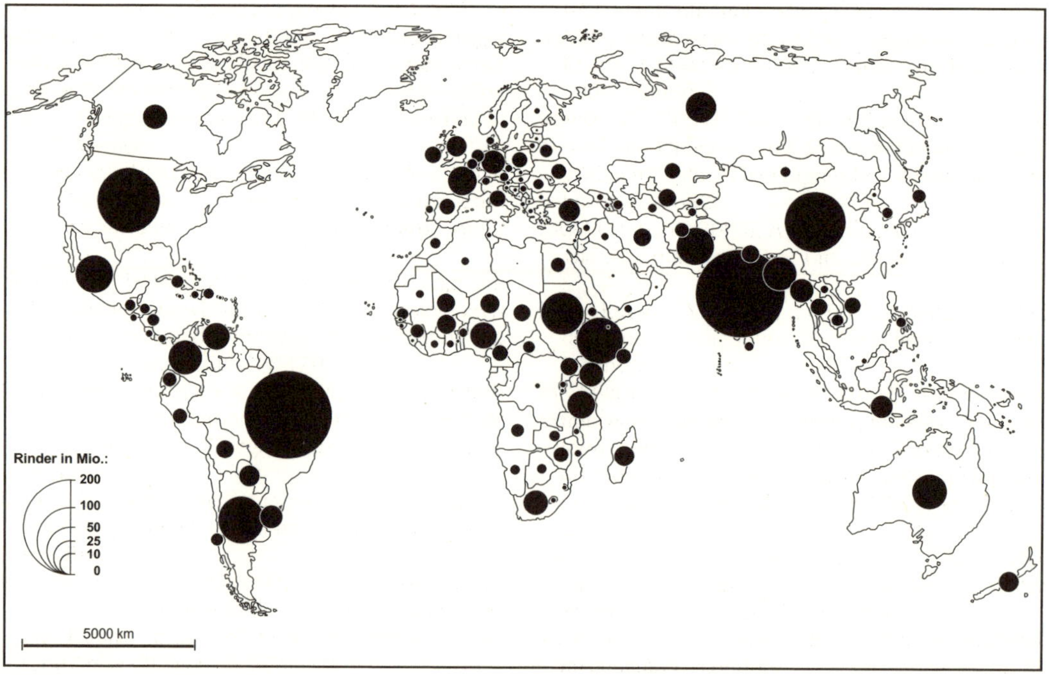

Abb. 3-11: Anzahl der Rinder nach Staaten (2008) (FAO-DATENBASIS)

Tierbestand: Großvieheinheit

Zur Bemessung des Tierbestandes eines Betriebes oder zum Vergleich des gesamten Tierbesatzes pro Flächeneinheit dient die Maßeinheit der **Großvieheinheit** (GV), die einer Milchkuh von 500 kg Lebendgewicht entspricht. Mit einem GV-Schlüssel können andere Tierarten oder Rinder geringeren bzw. höheren Gewichtes auf diese gemeinsame Bezugseinheit umgerechnet werden. So entspricht beispielsweise ein Mastschwein 0,12 GV, ein Schaf 0,1 GV, ein Ferkel 0,01 GV, 320 Legehennen gelten als eine GV. Der Besatz mit Großvieheinheiten je ha ist eine wichtige Maßeinheit wenn es darum geht, in Abhängigkeit von den natürlichen Bedingungen die nachhaltige Tragfähigkeit von Weidegebieten zu definieren.

Extensive Formen der Tierhaltung

Weltweit von großer Bedeutung ist die **Weidewirtschaft**, bei der im Gegensatz zur Stallhaltung das Vieh auf Weiden gehalten wird. Bei der Dauerweidewirtschaft erfolgt der Weidegang ganzjährig auf derselben Fläche, was gemäßigte oder ozeanisch-milde Temperaturen erfordert. Wo diese nicht gegeben sind, finden verschiedene Formen der Wechselweidewirtschaft (z. B. Almwirtschaft, Transhumanz, Nomadismus) statt, wobei ein saisonaler Flächenwechsel erfolgt. Bei der Transhumanz wird das Vieh im Sommer in den größeren Höhenlagen, im Winter in schneefreien Niederungen gehalten, eine Einstallung findet nicht statt. Im Gegensatz dazu wird bei der Almwirtschaft das Vieh im Winter in den Tallagen eingestallt. In den großen Trockengebieten der Erde haben sich zwei grundsätzlich unterschiedliche Systeme der Weidewirtschaft entwickelt. In der Alten Welt die nomadische Weidewirtschaft, in der Neuen Welt das Ranching.

Beim **Nomadismus** handelt es sich um eine Wanderviehwirtschaft, bei der die Eigentümer der Tiere und ihre Familien mit den Herden zwischen den teilweise sehr weit voneinander entfernten Weidegebieten wandern und dabei auch ihre Siedlungen (Zelte, Jurten) verlegen. Genutzt werden dabei ausschließlich Naturweiden. Deren Tragfähigkeit ist so gering, dass sie nur saisonal beweidet werden können und eine stationäre Viehhaltung nicht zulassen. Da der Nomadismus nicht nur eine Wirtschafts-, sondern auch eine Gesellschaftsform darstellt und in verschiedenen Ausprägungen auftritt, wurde er von der Agrargeographie in zahlreichen Arbeiten untersucht (z. B. Scholz 1994, 1995 und 1999; Gruschke 2007). Die Rahmenbedingungen, die die Kulturweise dieser mobilen Form der Tierhaltung ermöglichten, haben sich jedoch verändert, sodass der Nomadismus einen starken Bedeutungsverlust erlitten hat und in seiner ursprünglichen Ausprägung kaum noch vorhanden ist. Die Ursachen für den Niedergang sind vielfältig. Moderne Staatengrenzen schränken die Fernwanderungen der Herden ein, viele Weidegebiete sind in Ackerland überführt worden oder ökologisch degradiert und stehen daher nicht mehr zur Verfügung, Regierungen haben eine Politik der Sesshaftmachung betrieben, und auch attraktive ökonomische Alternativen sowie gesellschaftlicher Wandel bewirkten eine Abkehr vom Nomadismus. Scholz (1999, S. 255) weist darauf hin, dass an marginalen Standorten des Altweltlichen Trockengürtels die saisonale Beweidung wesentlich zur Existenzsicherung ländlicher Bevölkerungsgruppen beitragen kann und fordert daher auch in entwicklungspolitischer Hinsicht eine Weiterentwicklung und Förderung der mobilen Tierhaltung für jene Räume.

Auch beim **Ranching** werden semiaride Gebiete durch extensive Weidewirtschaft genutzt, allerdings handelt es sich um eine stationäre Form der Tierhaltung auf Dauerweiden. In der Regel wird nur eine Tierart (zumeist Rinder oder Schafe) gehalten. Die Betriebe sind marktorientiert und umfassen zumeist beträchtliche Größen, da auf die Fläche bezogen Viehbesatz, Kapitaleinsatz und Betriebsertrag sehr niedrig sind. Ein ausreichender Betriebsgewinn kann daher nur über sehr große Flächen (i.d.R. mehrere Tausend ha) erreicht werden. Weite Verbreitung haben Ranchbetriebe in Nord- und Südamerika sowie Südafrika und Australien erlangt.

Intensive Formen der Tierhaltung

Eine intensive Form der Grünlandnutzung ist die **stationäre Weidewirtschaft** in den gemäßigten Breiten. Dauergrünland nimmt in Neuseeland mehr als 90% und in Irland 75% der landwirtschaftlichen Nutzfläche ein, in Deutschland sind es 29%. Das Grünland wird als Futterbasis genutzt, zur Steigerung der Leistung ist aber auch die Beigabe von Kraftfutter verbreitet. Dominierend ist die Rinderhaltung, wobei zwischen der Haltung von Mastrindern und Milchkühen zu unterscheiden ist. In einigen Regionen Nordamerikas und Mitteleuropas sowie in Neuseeland haben sich ausgeprägte Milchwirtschaftsregionen entwickelt. In Deutschland zählen dazu der Marschensaum der Nordseeküste, die Mittelgebirge sowie das Alpenvorland und die Alpen. Hierbei handelt es sich größtenteils um absolute Grünlandstandorte, die aufgrund des Reliefs, der Flachgründigkeit der Böden, der Niederschlagshöhe, oder der verkürzten Vegetationsdauer eine Nutzung als Ackerland nicht zulassen.

Großbestandshaltung

Eine relativ junge Entwicklung stellt die **intensive Viehhaltung in Großbeständen** (häufig als „Massentierhaltung" bezeichnet) dar. Hierbei werden auf geringem Raum zahlreiche Einzeltiere gehalten, und das benötigte Futter muss zu großen Teilen oder gänzlich zugekauft werden („bodenunabhängige Veredlung"). Diese intensive marktorientierte Produktion erfolgt zumeist bei Schweinen, Rindern oder Geflügel (Mast oder Eierproduktion). Für die Ausbildung dieser Systeme spielten technologische Neuerungen (z.B. automatische Fütterung) eine große Rolle. Dies zeigt sich besonders deutlich bei der Ausbreitung der Käfighaltung von Legehennen, die in Deutschland zwischen 1960 und 1970 zu einer grundlegenden Umgestaltung dieses Zweiges der Agrarwirtschaft führte (Windhorst 1979; Klohn/Voth 2009, S. 209ff.). Die stark angestiegene Nachfrage nach Eiern war mit den traditionellen Haltungs- und Vermarktungsformen nicht mehr zu befriedigen. Die Innovation des Käfigs mit automatischer Fütterung und Eiersammlung bot die Möglichkeit zu gravierender Zeitersparnis bzw. der Vergrößerung der Tierbestände. Zudem erfolgte die Züchtung von Hybridhennen, die einem dauernden Aufenthalt in engen Käfigen angepasst waren. Als es außerdem gelungen war, die seuchenhygienischen Probleme in den Griff zu bekommen, entstanden in kürzester Zeit Großbestandshaltungen mit mehreren Hunderttausend Tieren. Anlagen dieser Größenordnung ließen sich nicht mehr in das Gefüge bäuerlicher Hofkomplexe einbeziehen. Auch der erforderliche Kapitalbedarf konnte von vielen Landwirten nicht aufgebracht werden. So waren es zunehmend außerlandwirtschaftliche Investoren, die in diese Anlagen investierten. Preiseinbrüche infolge einer Übersättigung des Marktes und äußerst geringe Gewinnspannen pro Ei bewirkten eine weitere sektorale Konzentration. Nur die leistungsfähigsten Unternehmen konnten sich halten, nur über große Stückzahlen konnte

Käfighaltung von Legehennen

ein ausreichendes Einkommen erzielt werden. Am Ende dieses Prozesses, der durch technologische Innovationen ausgelöst wurde, stand die Entmischung von bäuerlichen Betrieben, die aufgrund mangelnder Konkurrenzfähigkeit zur Aufgabe der Hühnerhaltung gezwungen wurden, und großen agrarindustriellen Unternehmen, die nun diesen Tierhaltungszweig beherrschen.

In der weltweiten **Fleischerzeugung** dominiert das Schweinefleisch (Abb. 3-12), das vor allem in Europa und Asien an der Spitze des Konsums steht. Fleisch

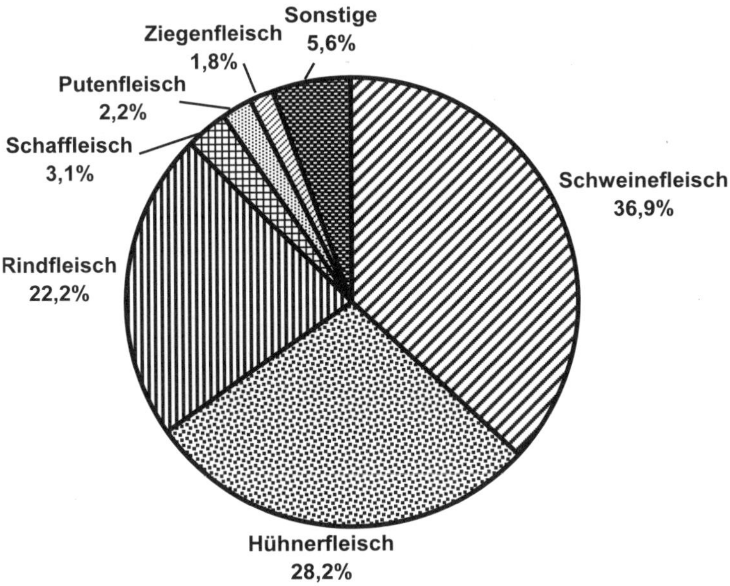

Abb. 3-12: Weltfleischproduktion nach Fleischarten (2008) (FAO-Datenbasis)

Das schon vor langer Zeit domestizierte Schwein bietet den Vorteil, dass es als Allesfresser sehr gut zur Verwertung häuslicher Abfälle geeignet ist (aus seuchenhygienischen Gründen in Deutschland heute verboten) und somit in traditionellen Gesellschaften nur in geringem Umfang mit Ackerfrüchten gefüttert werden muss. An zweiter Stelle folgt das Hühnerfleisch, andere Sorten von Geflügelfleisch (Puten, Enten) sind jedoch nur von untergeordneter Bedeutung. In den letzten Jahrzehnten ist die Erzeugung von Hühnerfleisch aus mehreren Gründen beträchtlich ausgeweitet worden. Hühnerfleisch wird in vielen Industriestaaten als fett- und kalorienarmes Nahrungsmittel bevorzugt, das darüber hinaus sehr gut portioniert und zu Convenience-Produkten verarbeitet werden kann. So hat es beispielsweise in den USA im Pro-Kopf-Verbrauch das Rind- und Schweinefleisch überholt (Abb. 3-13).

Auch in den islamischen Staaten ist Hühnerfleisch neben Schaf- und Ziegenfleisch ein zunehmend an Bedeutung gewinnendes Nahrungsmittel. Begünstigend ist außerdem, dass der Verzehr von Geflügelfleisch (anders als

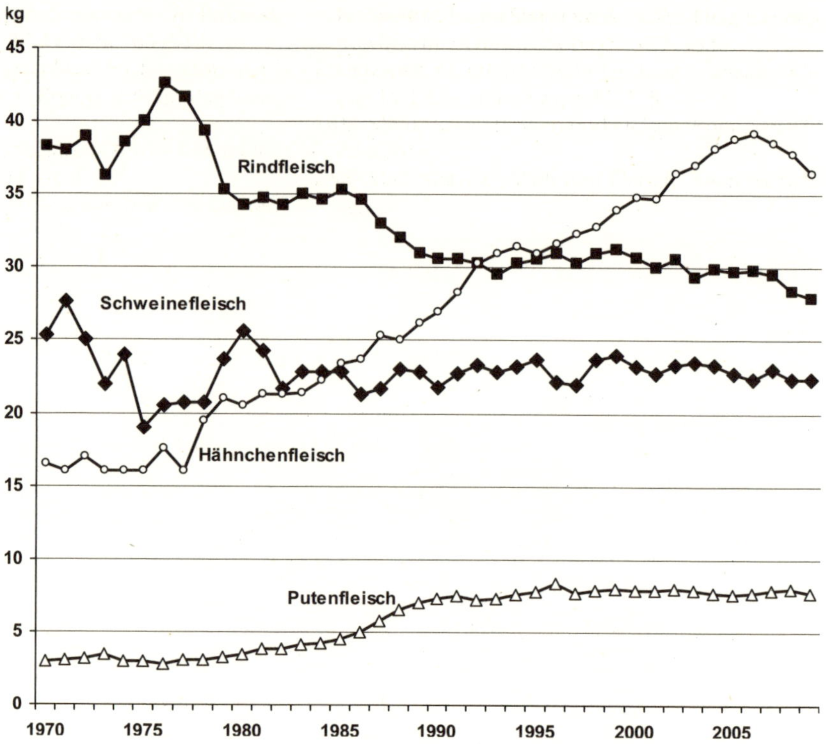

Abb. 3-13: Entwicklung des Pro-Kopf-Verbrauchs von Rind-, Schweine- und Geflügelfleisch in den USA (1970–2009) (NATIONAL CHICKEN COUNCIL)

beim Schweinefleisch) weltweit kaum religiösen Tabus unterliegt und durch die äußerst günstige Futterverwertung zur Erzeugung eines Kilogramms Fleisch verhältnismäßig wenig Futter eingesetzt werden muss. An dritter Stelle im weltweiten Verbrauch folgt das Rindfleisch, die weiteren Fleischarten spielen nur eine untergeordnete Rolle.

3.3.4 Regionale Konzentrationen

Regionale Schwerpunkte der pflanzlichen Produktion

Für die agrargeographische Betrachtung besonders interessant sind **Ballungen von Produktionsschwerpunkten** an bestimmten Stellen der Erde, wobei unterschiedliche räumliche Ebenen betrachtet werden können. Als Beispiel für eine **regionale Konzentration auf eine Großregion** ist die Olivenölerzeugung zu nennen. Über 95 % der Weltolivenölproduktion entfallen auf den Mittelmeerraum, obwohl auch außerhalb vergleichbare klimatische Gunsträume für diese Anbaufrucht existieren (Winterregengebiete an den Westseiten der Kontinente: Kalifornien, Chile, Südafrika, Australien). Hier sind nicht klimatische Gründe, sondern traditionelle Prägungen durch Kultur und Konsumgewohnheiten ausschlaggebend für das räumliche Muster.

Eine **Ballung auf staatlicher Ebene** liegt beispielsweise bei Sisal vor. Etwa zwei Drittel der weltweiten Sisalproduktion entfallen alleine auf Brasilien. Bei Spezialprodukten lassen sich weitere derartige regionale Konzentrationen nachweisen. So werden etwa 65 % aller Haselnüsse der Welt in der Türkei erzeugt, die Hälfte der Mandelproduktion entfällt auf die USA (wobei davon wiederum mehr als 95 % aus Kalifornien stammen). Annähernd 65 % der Kiwiproduktion erfolgen in nur zwei Staaten (Italien, Neuseeland), nimmt man Chile hinzu, so entfallen nahezu 78 % der Weltproduktion auf nur drei Staaten.

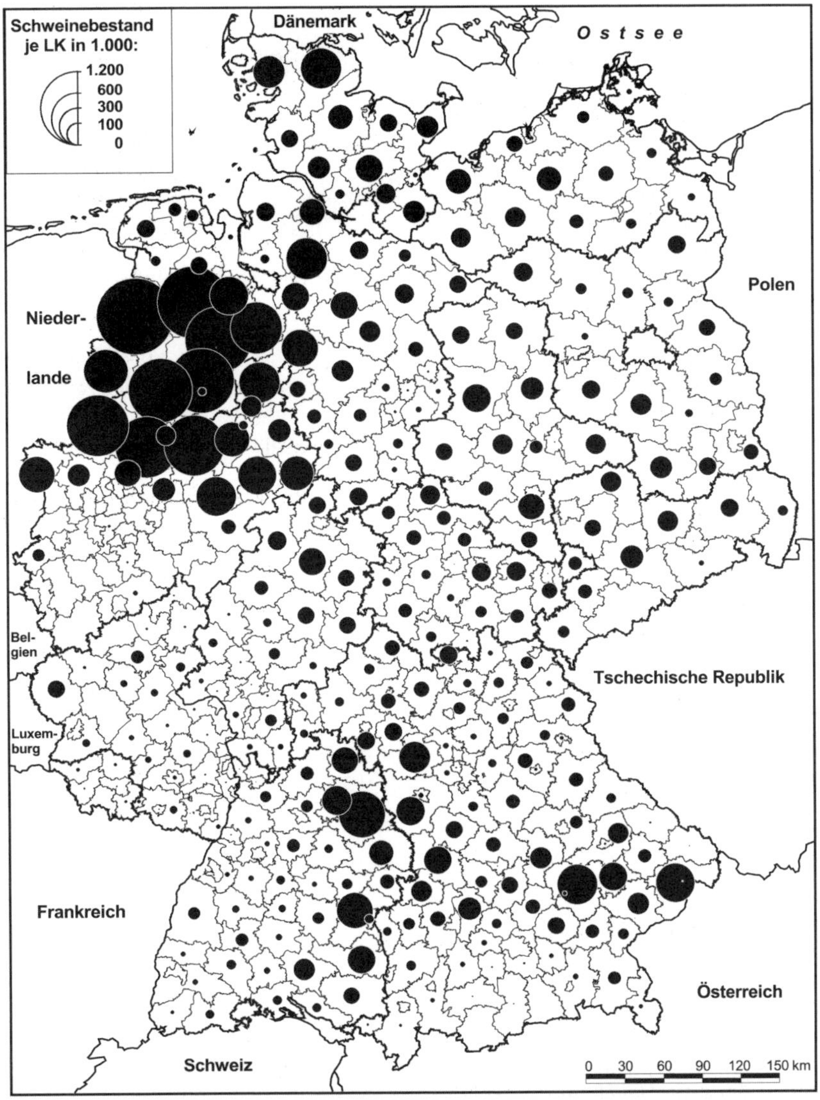

Abb. 3-14: Räumliche Verteilung der Schweine in Deutschland (2007) (KLOHN/VOTH 2009, S. 186)

Auch auf der **innerstaatlichen Ebene** sind markante Ballungen festzustellen. So erfolgen 95% der Erdbeerproduktion Spaniens in der südspanischen Provinz Huelva (MARM 2009), und in Deutschland werden mehr als 80% der Hopfenernte in dem eng umgrenzten bayerischen Anbaugebiet Hallertau erzeugt (KLOHN 1993). Eine besonders herausragende Stellung nimmt innerhalb der USA der Gunstraum Kalifornien ein. Bei mehr als einem Dutzend pflanzlicher Erzeugnisse beträgt der Anteil Kaliforniens an der Erzeugung der USA jeweils mehr als 90%. Dazu gehören Mandeln, Artischocken, Brokkoli, Sellerie, Aprikosen, Feigen, Kiwis, Nektarinen, Oliven, Pistazien, Clingstone-Pfirsiche, Pflaumen, Backpflaumen, Erdbeeren zur Weiterverarbeitung, Industrietomaten und Walnüsse (KLOHN 2005, S. 15).

Regionale Schwerpunkte der tierischen Produktion

In der Haltung von Nutztieren sind derartig extreme Konzentrationen nicht anzutreffen, doch werden derzeit 46% aller Schweine weltweit in China gehalten (vgl. Abb. 3-10). Regionale Konzentrationen innerhalb eines Staates sind oftmals auf eine räumliche Nähe zur Futterbasis (Mais, Soja) zurückzuführen. Dies gilt auch für den Bundesstaat Iowa, wo etwa 28% aller Schweine in den USA gehalten werden. In Deutschland ist eine regionale Konzentration der Schweinehaltung im Nordwesten erkennbar (Abb. 3-14). Mehr als die Hälfte aller Tiere entfallen auf Niedersachsen und Nordrhein-Westfalen. Begünstigend wirkt die Nähe der dortigen Produzenten zu den Seehäfen, über die Rohkomponenten für das Mischfutter kostengünstig eingeführt werden können.

Cluster der Agrarwirtschaft

In derartigen räumlichen Schwerpunktgebieten kommt es häufig zur Bildung von **Clustern**. Dies sind nach MOSSIG (2008, S. 51) räumliche Konzentrationen ökonomischer Aktivitäten eines Wirtschaftszweiges. Eine große Rolle spielen in diesen Clustern die engen Verflechtungen der Unternehmen untereinander, ein dichtes institutionelles Umfeld sowie unterstützende Einrichtungen. Es liegt in einem derart definierten Cluster eine besondere Qualität der Verflechtungsbeziehungen vor, die einen Cluster von einer zufälligen Ansammlung von Unternehmen mit ähnlichem Tätigkeitsschwerpunkt unterscheidet. Aus diesen besonderen Beziehungen resultieren auch die Konkurrenzvorteile wirtschaftlicher Cluster. Durch informelle Kontakte werden Informationen ausgetauscht, die nicht frei zugänglich sind und zu einem Wissens- bzw. Informationsvorsprung gegenüber Unternehmen führen, die außerhalb des Clusters gelegen sind. Ein derartiger Cluster hat sich im Bereich der Agrartechnologie im Nordwesten Deutschlands, im Oldenburger Münsterland, ausgebildet (KLOHN/VOTH 2008, S. 162ff.).

3.4 Die Bewässerungslandwirtschaft

3.4.1 Zweck und Voraussetzungen

Für die landwirtschaftliche Erzeugung ist Wasser in ausreichender Menge und Qualität unverzichtbar, wobei der größte Teil der Produktion auf der Grundlage des im Boden gespeicherten Regenwassers (**green water**) erfolgt. Reicht dieses nicht aus, so kann auf Wasser aus Flüssen, Stauseen und

Grundwasserleitern (**blue water**) zurückgegriffen werden. Der Bewässerungsfeldbau beruht auf dieser künstlichen Zufuhr von Wasser, wobei der Umfang der Bewässerung sehr unterschiedlich sein kann. Wo nur ein geringes Niederschlagsdefizit besteht, wird lediglich als Ergänzung zur Regenmenge bewässert (beispielsweise in niederschlagsärmeren Regionen Ostdeutschlands). In ariden Regionen ist die Pflanzenproduktion dagegen ausschließlich auf der Basis der Bewässerung möglich. Dabei sind traditionell Fremdlingsflüsse von großer Bedeutung (z. B. Nil), in jüngerer Zeit wird häufig auch auf Grundwasser zurückgegriffen. Bewässerung

Die Bewässerungslandwirtschaft bietet gegenüber dem Regenfeldbau mehrere Vorteile. Durch die gleichmäßigere und zeitlich auf die Bedürfnisse der Pflanzen abstimmbare **Wasserzufuhr** werden signifikant **höhere Flächenerträge** erzielt, durch die Unabhängigkeit von der schwankenden Regenmenge steigt die Ertragssicherheit (d. h. Schwankungen in den Erträgen verringern sich), es sind evtl. **mehrere Ernten** im Jahr möglich, und es können Kulturen mit hohem Wasserbedarf angebaut werden, auf die andernfalls verzichtet werden müsste. Auch in humiden Klimaten wie in Deutschland wird auf (ergänzende) Bewässerung zurückgegriffen, beispielsweise im Freilandanbau von Gemüse, auch um kurzfristige sommerliche Trockenperioden zu überbrücken. Für einige Trockenfeldkulturen wie z. B. den Ölbaum im Mittelmeerraum bietet eine Zusatzbewässerung die Möglichkeit einer deutlichen Ertragssteigerung. Vorteile

Der Bewässerungsfeldbau ist jedoch an einige **Voraussetzungen** gebunden. Es müssen zunächst Investitionen für die Einrichtung der Anlagen getätigt werden. Für die oberirdische **Wasserspeicherung** sind Zisternen, kleinere Stauteiche oder auch große Stauseen anzulegen, wobei für Letztere auch die geomorphologischen Voraussetzungen gegeben sein müssen. So eignen sich die Flachmuldentäler der wechselfeuchten Tropen kaum für den Staudammbau, was sich insbesondere in Indien negativ auswirkt. Die **Verteilung** des Wassers erfolgt über Kanäle und Nebenkanäle, wobei regional für das Sammeln des Wassers auch unterirdische Grundwasserstollen (z. B. Foggaras, Quanate) gebräuchlich sind. Der Bau und Betrieb größerer derartiger Anlagen ist nur durch organisierte **Zusammenarbeit** möglich, sodass zumeist staatliche oder genossenschaftliche Organisationen als Träger auftreten. Von großer Bedeutung ist das jeweils gültige **Wasserrecht**, da es den Kreis der Nutzungsberechtigten und den Umfang ihrer Wassernutzung regelt. Da der Bewässerungsfeldbau zumeist aufwendiger ist als der Regenfeldbau, muss außerdem auf den Betrieben genügend Arbeitskraft zum Betreiben und zum Unterhalt der Anlagen zur Verfügung stehen. Um einen Anstieg des Grundwasserspiegels und eine Salzanreicherung im Boden zu vermeiden, muss die Bewässerung jeweils durch Entwässerung (**Drainage**) ergänzt werden. Voraussetzungen

3.4.2 Bedeutung, Wasserherkunft und Transport

Globale Angaben zur Bewässerungslandwirtschaft sowie zur Wassernutzung sind nur eingeschränkt verfügbar, da viele Staaten über keine aktuellen Umfang oder zuverlässigen Daten verfügen. Die Landwirtschaft nutzt jährlich (letzte Daten für 2000) etwa 2.664 km^3 Wasser und ist damit weltweit für etwa **70 % aller Wasserentnahmen** (blue water) verantwortlich (Abb. 3-15), wobei regional beträchtliche Unterschiede auftreten. So macht sie in Asien und Afrika für 86 bzw. 81 % aller Wasserentnahmen aus, in Nordamerika und Europa nur 39 bzw. 32 % (MOLDEN 2007, S. 70). In den weiter entwickelten Regionen spielen Industrie und Haushalte als Wassernutzer eine größere Rolle, zudem benötigt die Landwirtschaft in humiden Klimaten der gemäßigten Breiten weniger Bewässerungswasser. Daher entfällt nur etwa ein Viertel der globalen Bewässerungsfläche auf entwickelte Länder.

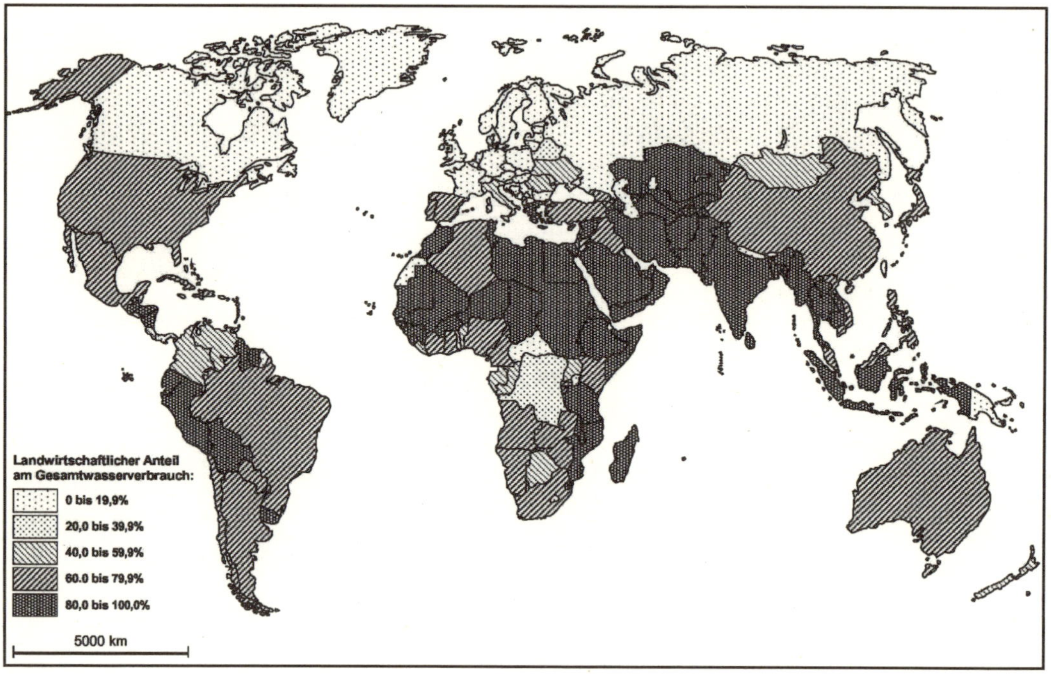

Abb. 3-15: Anteil der Landwirtschaft am Gesamtwasserverbrauch nach Staaten (FAO-AQUASTAT DATENBASIS)

Bewässerungsfläche

Die Bewässerungsfläche ist in den vergangenen Jahrzehnten stark ausgeweitet worden (Abb. 3-16) und betrug im Jahr 2007 etwa 287 Mio. ha (FAO-DATENBASIS), was etwa **20 % der gesamten genutzten landwirtschaftlichen Fläche** entspricht (1961 waren es noch 10 %). Dabei werden Flächen, auf denen Mehrfachernten pro Jahr eingebracht werden, nur einmal gezählt. Unter Berücksichtigung dieser Mehrfachernten hätte die gesamte bewässerte Fläche (278 Mio. ha im Jahr 2000) mehr als 340 Mio. ha entsprochen (MOLDEN 2007, S. 73). Mit rund 70 % liegt der weitaus größte Teil der bewässerten Flächen in Asien, wobei auf China und Indien annähernd 40 % der weltweiten Bewässerungsfläche entfallen. Nimmt man die USA und Pakistan hinzu, so zeichnen diese vier Staaten für etwa 55 % der bewässerten

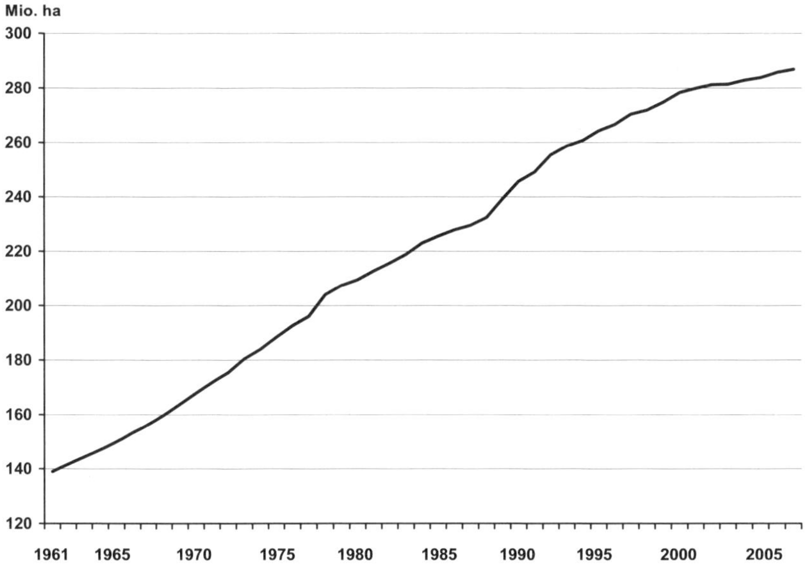

Abb. 3-16: Entwicklung der weltweiten Bewässerungsfläche (1961–2007) (FAO-DATENBASIS)

Fläche sowie für rund 50% der für landwirtschaftliche Zwecke genutzten Wassermenge verantwortlich (Abb. 3-17).

Die größten zusammenhängenden Gebiete mit hoher Bewässerungsdichte liegen in Nordindien und Pakistan entlang der Flüsse Ganges und Indus, in China in den Becken und Tälern des Hai He, Huan He und des Jangtse, entlang des Nils in Ägypten und im Sudan, im Talsystem des Mississippi-Missouri sowie in Teilen Kaliforniens in den USA (SIEBERT et al. 2006 S. 3). Auf den bewässerten Flächen werden weltweit etwa **40 % der gesamten landwirtschaftlichen Produktion** erzielt (MOLDEN 2007, S. 358). Die Tierproduktion zeichnet weltweit für etwa 20% des landwirtschaftlichen Wasserverbrauches verantwortlich, wobei dies hauptsächlich auf die Produktion von Futtermitteln zurückgeht (MOLDEN 2007, S. 297), das Trinkwasser für die Tiere ist zu vernachlässigen.

Zunahme der Grundwassernutzung

Es kann angenommen werden, dass der **Anteil des Grundwassers** an der Wassernutzung und an der Bewässerungsfläche etwa bei einem Drittel liegt (MOLDEN 2007, S. 70, 401, 406), doch gibt es für viele Staaten diesbezüglich keine exakten Daten. Die größte durch Grundwasser bewässerte Nutzfläche weist Indien auf, gefolgt von den USA und China. In Indien beruhen Schätzungen zufolge 70–80% des landwirtschaftlichen Produktionswertes von bewässerten Flächen auf Grundwassernutzung (FAO 2003a, S. 4), welche überwiegend durch Grundwasser fördernde Pumpen ermöglicht wird (Abb. 3-18). Allerdings hat die Ausweitung der Grundwassernutzung in den letzten Jahrzehnten zu einer **Vernachlässigung traditioneller Systeme** geführt (HENNIG 2006). So hat die Bereitstellung von Oberflächenwasser durch Bewässerungskanäle an Bedeutung eingebüßt, und die traditionellen Tanks (Speicherung von Wasser in Speicherbecken) spielen nur noch eine untergeordnete Rolle (HUMAN DEVELOPMENT REPORT 2006, S. 196).

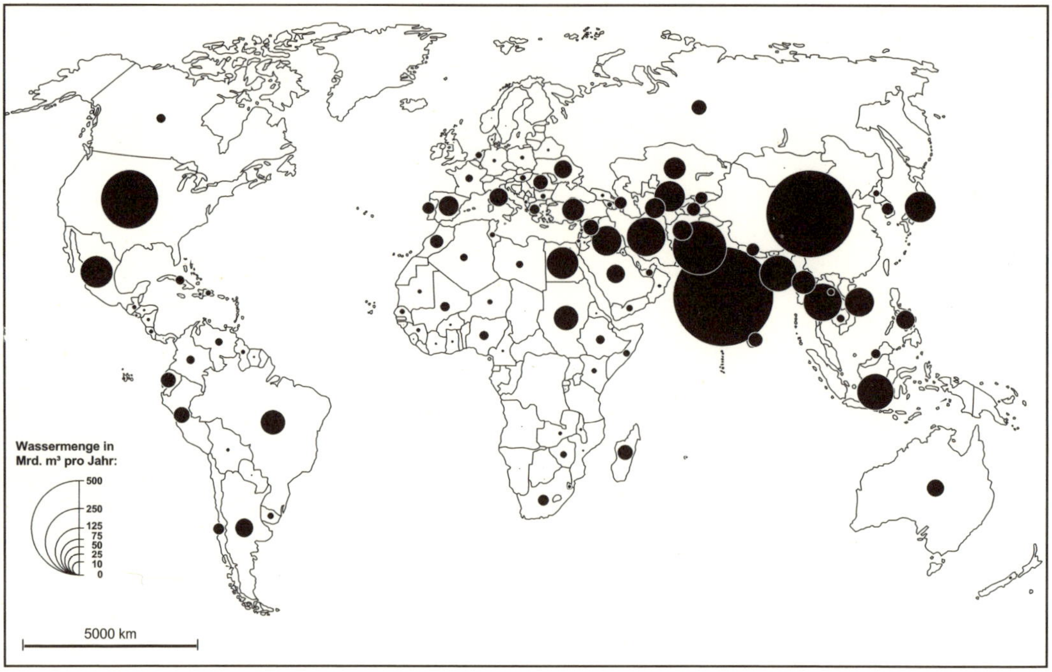

Abb. 3-17: Für landwirtschaftliche Zwecke genutzte Wassermenge (Mrd. m^3 pro Jahr) (FAO-AQUASTAT DATENBASIS)

Vorteile der Grundwassernutzung

Die Nutzung von **Grundwasser** bietet gegenüber dem Oberflächenwasser dem landwirtschaftlichen Erzeuger eine Reihe von Vorteilen (MOLDEN 2007, S. 402 f.):

- es ist sehr weit verbreitet verfügbar;
- es sind keine großen Gemeinschaftsbauten (Staudämme, Kanäle etc.) vonnöten, der einzelne Produzent kann beispielsweise rasch eine Pumpe installieren und das Grundwasser nutzen;
- daher sind auch die Investitionskosten geringer;
- Grundwasser ist weniger dürreempfindlich als Oberflächenwasser, es kann auch genutzt werden, wenn Letzteres bereits versiegt ist;
- es ist jederzeit für den Produzenten verfügbar, er kann es gezielt einsetzen, wenn der Wasserbedarf der Pflanzen es erfordert;
- Verluste durch Speicherung und Transport sind geringer.

Problematisch ist jedoch die **Nutzung fossiler Grundwasservorräte**, wie sie im Mittleren Osten, in Nordafrika oder auch im Bereich des Ogallala Aquifers in den Great Plains der USA erfolgt. Mit dem Absinken des Grundwasserspiegels erhöhen sich die Pumpkosten für das Wasser und mittel- bis langfristig droht die Aufgabe der Bewässerungslandwirtschaft, was weitreichende sozioökonomische Folgen nach sich zieht. In solchen Fällen werden rechtliche Regelungen zur Sicherstellung eines nachhaltigen Managements auch der Grundwassernutzung wichtig.

Sehr unterschiedlich erfolgen der **Transport des Wassers zum Feld** und die Wasserentnahme. Bei dem noch weit verbreiteten Verfahren, das Wasser über offene Gräben zu den Feldern zu leiten, treten erhebliche Verdunstungsverluste auf. Sind die Gräben nicht betoniert, kommen noch beträchtliche Verluste durch Versickerung hinzu. Aus den Flussläufen oder Bewässerungsgräben wird das Wasser über verschiedenste Systeme (z. B. Schöpfräder, Archimedische Schrauben, Wasserräder, Siphons, elektrische Pumpen), je nach technischem Entwicklungsstand, Verfügbarkeit von Energie etc. auf die einzelnen Flächen geleitet. In den Entwicklungsländern kommt es darauf an, einfache und robuste Verfahren zu haben, die ohne kommerzielle Energie betrieben werden können.

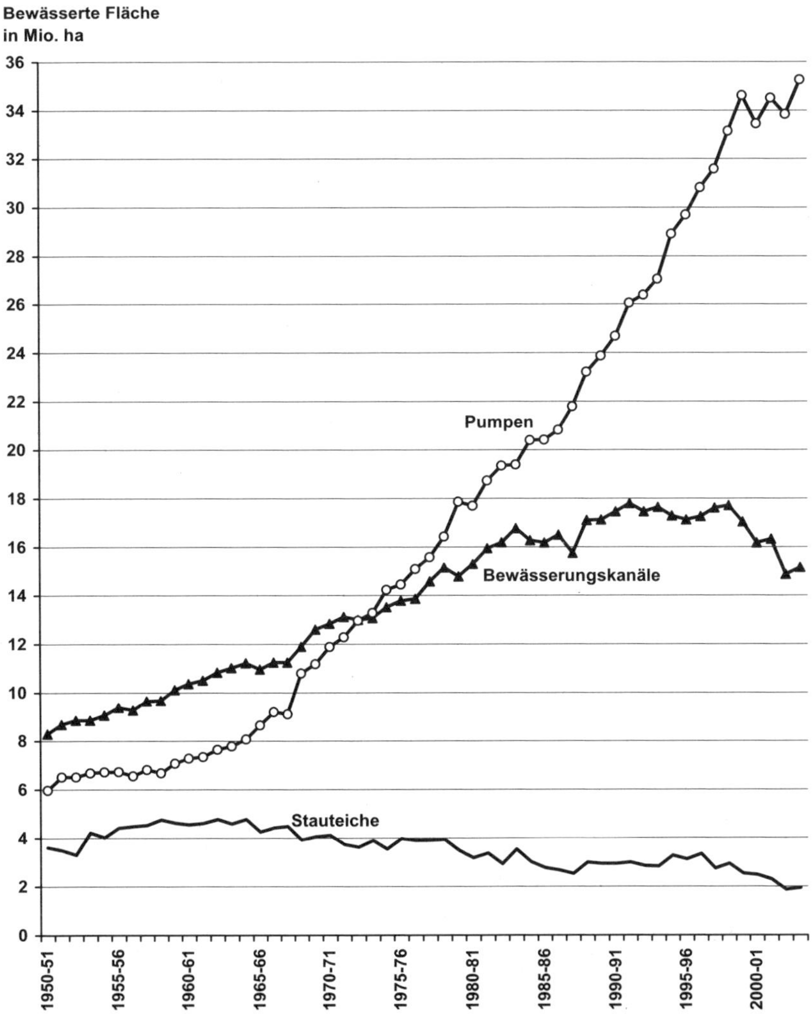

Abb. 3-18: Bewässerte Fläche in Indien nach Herkunft des Bewässerungswassers (1950–2004) (India Department of Agriculture and Cooperation)

3.4.3 Bewässerungsverfahren

Die Bewässerungsverfahren lassen sich in drei grundlegende Typen einteilen (im Detail siehe ACHTNICH 1980, KRUSE et al. 1990, GOLDHAMER/SNYDER 1989):

1. Oberflächenbewässerung
2. Beregnungsbewässerung
3. Tropf- oder Mikrobewässerung.

Traditionelle Verfahren der Oberflächenbewässerung

Bei der **Oberflächenbewässerung** wird Wasser auf der zu bewässernden Fläche gestaut (Stauverfahren) oder gemäß der Schwerkraft langsam über sie geleitet (Rieselverfahren). Voraussetzung dafür ist eine ebene oder nur flach geneigte Fläche, die an den Seiten durch kleine Dämme eingegrenzt ist. Stärker geneigtes oder hängiges Gelände ist für diese Formen der Bewässerung ungeeignet, und auch auf leichten Böden ist das Stau- oder Rieselverfahren wenig effektiv, da sehr große Verluste durch zu rasches Versickern des Wassers auftreten.

Beim **Stauverfahren** kommt das auf die Fläche geleitete Wasser zum Stillstand und versickert allmählich in den Boden. Damit ist stets eine abwärts gerichtete Bewegung des Bodenwassers gegeben, sodass die Versalzungsgefahr des Oberbodens sehr gering ist. Durch das Überstauen und den langen Verbleib des Wassers auf der überstauten Fläche wird das ausgebrachte Wasser sehr gleichmäßig verteilt. Nachteilig sind der hohe Wasserbedarf, die hohen Verdunstungsverluste und die Gefahr der Bodenverschlämmung.

Beim **Rieselverfahren** (auch: Flächenbewässerung) wird das Wasser langsam über die zu bewässernde, leicht geneigte Fläche geleitet. Diese ist durch parallele Dämme in Streifen unterteilt. Im Gegensatz zum Flächenüberstau ist das Ende der bewässerten Streifen nicht abgedämmt, sodass das überschüssige Wasser dort ablaufen kann. Es kommt darauf an, die Fließgeschwindigkeit des Wassers so zu gestalten, dass der Boden die benötigte Wassermenge aufnehmen kann, dass das Wasser gleichmäßig über die gesamte Fläche verteilt wird, und dass am Ende des Bewässerungsstreifens möglichst wenig Überschusswasser austritt.

Die **Furchenbewässerung** kann als eine erweiterte Form des Rieselverfahrens gesehen werden. Dabei ist das zu bewässernde Feld in zahlreiche Furchen gegliedert, durch die das Wasser fließt, während die Nutzpflanzen in der Regel auf den dazwischen liegenden Dämmen stehen. Diese Methode wird besonders angewendet für Pflanzen, die in Reihen kultiviert werden (z.B. Baumwolle, Tomaten, Salat). Sie ist außerdem geeignet für Pflanzen, bei denen die Krone oder der Stängel nicht direkt mit dem Wasser in Kontakt kommen sollen. Wegen der zu erstellenden zahlreichen Furchen ist der Arbeitsaufwand größer als bei der Flächenbewässerung.

Technisch aufwendigere Verfahren

Bei der **Beregnungsbewässerung** (sprinkler irrigation) handelt es sich um aufwendigere Verfahren, die technische Anlagen zur Wasseraufbringung erfordern. Dabei wird das Wasser über Rohre oder Schläuche zu den Bewässerungsflächen geleitet und dort über verschiedene Beregnungssysteme verteilt, die weitgehend den natürlichen Regenfall nachahmen. Die Vorteile der Beregnungsbewässerung liegen in ihrer Verwendbarkeit auf allen Böden und in der guten Dosierbarkeit der Wassermenge. Auch auf geneigtem Gelände ist dieses System einsetzbar. Außerdem ist es möglich, dem Bewässerungswasser Agrarchemikalien (Düngemittel, Pflanzenschutzmittel) beizugeben und damit eine homogene Verteilung auch dieser Wirkstoffe zu erreichen. Allerdings verursacht die Notwendigkeit eines starken Wasserdrucks zusätzliche Energiekosten, starker Wind kann die gleichmäßige Wasseraufbringung behindern, und einige Pflanzenarten neigen zu verstärktem Krankheitsbefall, wenn ihr Blattwerk durch Beregnungsbewässerung nass wird.

Eine Sonderform der Beregnungsbewässerung ist die **Karussellbewässerung** (center pivot), die mittels einer Kreisberegnungsmaschine erfolgt, bei der das Wasser von einer zentralen Wasserabgabestelle in das sich um dieses Zentrum kreisförmig bewegende Rohrgestänge verteilt wird. Dadurch entstehen die charakteristischen kreisrunden Bewässerungsstrukturen. Diese Anlagen wurden 1949 in den USA erfunden und werden seit 1953 vertrieben. Jedes Rad des umlaufenden Rohrsystems ist mit einem Antrieb versehen, wobei zumeist mit Wasserdruck gearbeitet wird. Mithilfe dieser Anlagen kann, je nach verwendetem Sprinklersystem und Wasserdruck, die aufzubringende Wassermenge reguliert werden.

Fest installierte Beregnungssysteme gibt es in zahlreichen Ausprägungen, die sich jedoch alle sehr ähneln. In der Regel erfolgt die Zuleitung über Rohre bzw. Schläuche und die Verteilung des Wassers über eine Vielzahl von Sprinklern, deren Größe und Leistungsfähigkeit sehr unterschiedlich sein können.

Bei der **Tropf- oder Mikrobewässerung**, einem relativ jungen Verfahren, erfolgt eine häufige, aber langsame Zuführung von Wasser über Schlauchsysteme und kleine Verteiler in unmittelbarer Bodennähe oder sogar direkt an die Wurzeln, wenn es sich um unterirdisch verlegte Systeme handelt. Durch die häufige (i.d.R. tägliche) Zufuhr geringer Wassermengen bleibt die Feuchtigkeit der Wurzelzone weitgehend konstant, sodass für die Pflanzen optimale Feuchtigkeitsbedingungen aufrechterhalten werden. Die bei anderen Formen der Bewässerung auftretenden Feuchtigkeitsschwankungen im Boden werden vermieden. Die Verdunstungs- und Sickerverluste sind sehr gering, neben höheren Erträgen ist auch ein gleichmäßigeres Wachstum aller Pflanzen festzustellen, was die maschinelle Ernte begünstigt. Die Einrichtung ist zwar mit hohen Investitionskosten verbunden, doch ist dieses Verfahren nach erfolgter Installation wenig arbeitsaufwendig. Außerdem wird sehr viel weniger Wasser verbraucht, da die nicht durchwurzelten Bereiche zwischen den Pflanzen nicht bewässert werden. Dies vermindert auch den Aufwuchs von unerwünschten Wildkräutern, die Grundlage für Pflanzenschädlinge sein können. Auch Düngemittel können zusammen mit dem Bewässerungswasser aufgebracht werden. Die Tropfbewässerung ist ebenfalls auf stark geneigten Flächen und sandigen Böden anwendbar, wo unter Verwendung anderer Bewässerungsmethoden sehr viel Wasser verloren gehen würde. Neuerdings verlegt man die Tropfbewässerung auch unterirdisch. Auf diese Weise lassen sich auch Kulturen, die maschinell geerntet werden, mit dieser Wasser sparenden Technik bewässern. Es besteht allerdings die Gefahr, dass bei mehrjährigen Kulturen die Wurzeln der Bäume die Leitungen beschädigen oder abklemmen. Eine Behebung dieser Schäden ist nur unter großem Aufwand möglich.

3.4.4 Probleme und Ausblick

Probleme der Salzanreicherung

Die Ausweitung und Intensivierung des Bewässerungsfeldbaus haben eine Reihe von Problemen verursacht. Da das aufgebrachte Bewässerungswasser immer gelöste Salze enthält, besteht in ariden und semiariden Regionen stets die Gefahr der **Bodenversalzung**, wenn Bodenwasser kapillar aufsteigt und an der Oberfläche verdunstet. Daher ist darauf zu achten, dass eine abwärts gerichtete Wasserbewegung im Boden vorherrscht und die Salze nach unten ausgewaschen werden. Zu diesem Zweck ist eine größere Menge Wasser aufzubringen als die Pflanzen aufnehmen. Diese Menge variiert je nach der Salztoleranz der angebauten Pflanzen. Im Mittel ist davon auszugehen, dass 10 bis 20% des aufgebrachten Bewässerungswassers zum Auswaschen der Salze benötigt werden. In einigen Staaten sind große Teile der bewässerten Fläche von Versalzung betroffen, so liegen die Werte beispielsweise für die Türkei, Libyen, Usbekistan, Aserbaidschan, Georgien und Nigeria zwischen 31 und 45% (FAO-Aquastat Datenbasis). Zudem wird geschätzt, dass weltweit jährlich etwa 1 Mio. ha Bewässerungsland wegen Versalzung aus der Produktion genommen werden müssen (FAO 2003a, S. 3). Eine Regeneration der durch Salzakkumulation geschädigten Flächen ist äußerst schwer und nur mit großem finanziellem Aufwand möglich. Auf durch Salzanreicherung schwach bis mäßig belasteten Flächen lassen sich vielfach salzempfindliche Pflanzen nicht mehr anbauen und es muss ein Wechsel hin zu salztoleranten Nutzpflanzen erfolgen.

Ökologische Probleme

Ein gravierendes Problem bei intensiver Grundwassernutzung in Küstennähe ist die **Intrusion von Salzwasser** in den Grundwasserleiter (z. B. verbreitet im Mittelmeerraum sowie im Salinas Valley in Kalifornien), wodurch auch die nicht-landwirtschaftliche Nutzung (z. B. als Trinkwasser) gefährdet wird.

Weitere ökologische Probleme der Bewässerungslandwirtschaft resultieren aus der **Belastung des Drainagewassers** mit Agrarchemikalien (Düngemittel, Herbizide u. a. m.), der Bodenverschlämmung und dem Bodenabtrag infolge oberflächigen Wasserabflusses. Bei der Entnahme von Bewässerungswasser aus Oberflächengewässern, insbesondere aus Flüssen, steht der in den Gewässern lebenden Tier- und Pflanzenwelt eine geringere Wassermenge zur Verfügung, woraus sich **Konflikte mit dem Naturschutz** ergeben können. Besonders dramatisch ist die Situation am Aralsee, der durch übermäßige Entnahme von Bewässerungswasser aus den Zuflüssen Syrdarja und Amudarja zum Zwecke des Baumwollanbaus einen Großteil seiner Fläche eingebüßt hat und zur ökologischen Krisenregion geworden ist (Giese 1997; Giese et al. 2004). In den Ölländern am Persischen Golf erfolgt teilweise eine Intensivbewässerung mit Wasser, das aus Meerwasserentsalzungsanlagen stammt.

Prognosen gehen von einer weiteren **Expansion der Bewässerungsfläche** aus, und zwar fast ausschließlich in den Entwicklungsländern, doch ist das **Potenzial** dafür **begrenzt**. Die meisten Wasserressourcen der Flüsse sind bereits vollständig erschlossen, und außerdem erwachsen der Landwirtschaft durch die wachsende Stadtbevölkerung mit ihrem steigenden Wasserverbrauch und den zunehmenden Einschränkungen durch Umweltauflagen

immer mehr Nutzungskonkurrenten. Schon in den letzten zwei Dekaden war zu beobachten, dass die Kosten für Neuanlagen beträchtlich angestiegen sind, da die am besten geeigneten Standorte bereits vorher erschlossen wurden, und nun erhöhte Aufwendungen notwendig sind. So hat sich die Ausweitung der globalen Bewässerungsfläche in der jüngeren Vergangenheit bereits etwas abgeschwächt (vgl. Abb. 3-16).

3.5 Weltweite Verflechtungen in der Agrarwirtschaft

Handel mit Agrarprodukten

Der Handel mit Agrargütern, auch über große Distanzen, hat eine lange Tradition. Schon während der Zeit des römischen Reiches wurde zeitweise Getreide aus Ägypten nach Europa exportiert, und über die legendäre Seidenstraße gelangten Seidenstoffe aus China und Gewürze aus Indien in den Mittelmeerraum (HAHN 2009, S. 9ff.). Ab dem 15. Jh. erlebte der **europäische Überseehandel** einen großen Aufschwung, wobei die Gewinnung landwirtschaftlicher Erzeugnisse eine große Rolle spielte. Überaus große Gewinnspannen wurden im Handel mit Gewürzen (Pfeffer, Zimt, Muskatnuss, Gewürznelke) erzielt, die aus Süd- und Südostasien nach Europa gebracht wurden. Nicht viel später entstand in der Neuen Welt eine auf den Export nach Europa ausgerichtete **Plantagenwirtschaft** (vgl. Kap. 3.3.2), bei der zunächst Zucker (aus Zuckerrohr) aus Brasilien und der Karibik im Vordergrund stand, später traten Tabak und Baumwolle aus Nordamerika hinzu (HAHN 2009, S. 26ff.). Auch im Zuge der europäischen Industrialisierung stieg die Nachfrage nach agrarischen Rohstoffen wie Baumwolle (für die Textilindustrie) und Naturkautschuk. Der Import von Genussmitteln wie Tee, Kakao und

Entwicklung

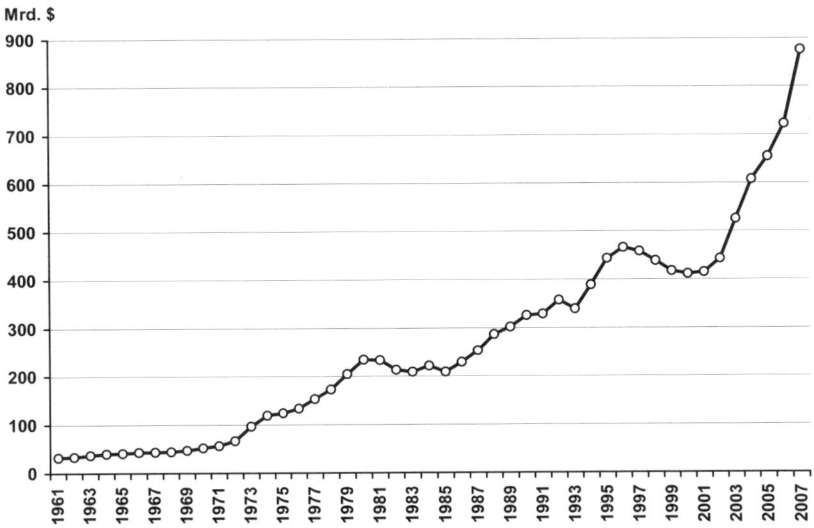

Abb. 3-19: Entwicklung der weltweiten Agrarexporte (1961–2007) (FAO-DATENBASIS)

Kaffee aus den tropischen Regionen in die Hauptverbraucherländer der gemäßigten Breiten war damals ebenfalls schon sehr ausgeprägt.

Viele dieser traditionellen Fernhandelsbeziehungen werden bis heute weitergeführt, außerdem sind neue Verflechtungsmuster hinzugekommen (vgl. Kap. 2.3.2). Insbesondere im Verlauf der vergangenen vier Jahrzehnte wurde der **Agrarhandel** beträchtlich ausgeweitet. So betrug der Exportwert der gehandelten Agrarerzeugnisse im Jahr 1970 rund 52 Mrd. $, im Jahr 2007 lag er bei 876 Mrd. $ (Abb. 3-19).

Bei der Betrachtung der absoluten Werte ist natürlich zu berücksichtigen, dass durch die allgemeine Preissteigerung die Werte in die Höhe geschnellt sind. Es ist aber auch eine nennenswerte absolute Ausweitung des Agrarhandels im besagten Zeitraum festzustellen. So ist die Menge des exportierten Weizens von 50 auf 133 Mio. t angestiegen, die Menge der exportierten Sojabohnen ist von 13 auf 74 Mio. t gesteigert worden und bei Fleisch und Fleischprodukten ist eine Ausweitung von 6 auf 35 Mio. t zu verzeichnen (FAO-Datenbasis).

Agrarhandelsprodukte

Der internationale Agrarhandel besteht aus einer Vielzahl von Agrarerzeugnissen, die als **Rohware** oder als **Verarbeitungsprodukte** vertrieben werden. Während frische Kuhmilch kaum über Ländergrenzen hinweg gehandelt wird (nur etwa 1 % der Weltproduktion gehen in den Export), erfolgt der Export von Verarbeitungsprodukten wie Käse oder Butter in nennenswertem Umfang. Produkten, die ganz überwiegend dem Export dienen, stehen Erzeugnisse gegenüber, die fast ausschließlich auf nationalen Märkten gehandelt werden. Zur ersten Gruppe gehören traditionell Kaffee- und Kakaobohnen, bei denen im Jahr 2007 rund 78% bzw. 66% der Weltproduktion exportiert wurden. Hinzugekommen sind auch neue Erzeugnisse wie die Kiwifrucht, von deren Produktionsmenge im Jahr 2007 sogar 91 % in den Export gingen. Produkte der zweiten Gruppe, die ganz überwiegend auf nationalen Märkten verbleiben, sind beispielsweise die Rispenhirse (Millet), Reis und Hühnereier.

Agrarexporte

Bei den Exportdaten ist zwischen der gehandelten **Menge** und dem **Wert** der Erzeugnisse zu unterscheiden. Relativ billige Massenware ist von hochwertigen Sonderkulturerzeugnissen oder aufwendigen Verarbeitungsprodukten zu differenzieren. So erzielten die im Jahr 2007 rund 133 Mio. t exportierten Weizens einen Erlös von 32,85 Mrd. $, was 247 $ je t entspricht. Die 1,1 Mio. t exportierter Kiwifrüchte erbrachten einen Erlös von 1,58 Mrd. $ oder 1.400 $ je t (FAO-Datenbasis). Bezüglich der **Exportmengen** dominieren Getreidearten (Weizen, Mais) und die als Tierfutter nahezu unentbehrlichen Sojabohnen den Weltagrarhandel, tierische Erzeugnisse fallen dagegen weit zurück. Auch beim **Exportwert** entfallen die meisten der vorderen Positionen auf pflanzliche Erzeugnisse (bzw. deren Verarbeitungsprodukte wie z.B. Wein), doch sind hier auch tierische Produkte stärker vertreten (Tab. 3-4).

Der Anteil des Handels mit Agrarprodukten umfasst jährlich etwa 8–9% aller exportierten Waren (gemessen am Warenwert), davon entfällt der weitaus größte Teil auf Nahrungsmittel, ein kleinerer Teil auf agrarische Rohstoffe (WTO 2009, Tab. A10). Mit Anteilen von jeweils rund 45% an den Agrarexporten und -importen (2007) nimmt die EU-27 eine marktbeherrschende Stellung im Weltagrarhandel ein. Der überwiegende Teil entfällt je-

Tab. 3-4: Exportwerte ausgewählter Agrarprodukte (einschl. erster, einfacher Verarbeitungsstufen) (2007) (FAO-DATENBASIS)

Produkt	Exportwert in Mio. $
Weizen	32.852
Wein	28.402
Sojabohnen	22.926
Käse (aus Vollmilch)	21.041
Mais	20.819
Hühnerfleisch	13.806
Kaffee (grün)	13.583
Schweinefleisch	12.521
Baumwollfasern	11.369
Zucker (raffiniert)	10.214
Rohtabak	8.604
Bananen	7.250
Tomaten	6.847
Äpfel	6.135
Weintrauben	5.916
Gerste	5.601
Rind- und Kalbfleisch	5.576
Butter (aus Kuhmilch)	5.206
Kakaobohnen	4.915
Tee	4.091
Orangen	3.180

doch auf den Austausch mit andern EU-Ländern. Die **interregionalen Handelsströme** im Weltagrarhandel verlaufen überwiegend zwischen den drei Großräumen Nordamerika, Europa und Asien (Abb. 3-20). Insbesondere Nordamerika erzielt erhebliche Überschüsse im Agrarhandel.

Trotz des Agrarprotektionismus und der Handelshemmnisse, die für den Agrarsektor noch nicht in vergleichbarem Maße wie für Industrieerzeugnisse abgebaut werden konnten (vgl. Kap. 2.2.4; HAHN 2009, S. 95), hat sich der internationale Agrarhandel stark ausweiten können. Einzelne Staaten und Regionen haben die sich daraus ergebenden Möglichkeiten genutzt und ihre Agrarproduktion mit dem Ziel des Exports ausgeweitet (vgl. Kap. 2.3.2). Besonders dynamisch hat sich in den letzten Jahren der **Weltmarkt für Geflügelfleisch** entwickelt (WINDHORST 2009a). Dabei konnte Brasilien die über mehrere Jahrzehnte führenden USA beim Export von Hühnerfleisch überholen. Im Zeitraum von 1990 bis 2007 steigerte Brasilien die Produktion von Hühnerfleisch von 2,4 auf 10,2 Mio. t, den Export von 0,3 auf 3,29 Mio. t (WINDHORST 2009b). Die bedeutendste Zielregion für die bra-

Beispiel: Geflügelfleisch

silianischen Exporte ist der Nahe Osten, gefolgt von der EU. Auch bei anderen Erzeugnissen (z.B. Zucker, Soja) belegt Brasilien im Export vordere Rangplätze. Mit einer weiteren Liberalisierung des Agrarhandels dürfte sich diese Position noch festigen.

Globalisierung des Agrarhandels

Neben der Ausweitung des Agrarhandels treten als weitere Erscheinungsform der Globalisierung **weltweit tätige Unternehmen** auf, sog. „Multis". Echte Transnationale Unternehmen (TNU), wie sie für den Globalisierungsprozess in der sonstigen Wirtschaft zu beobachten sind (Haas et al. 2009, S. 24ff.) haben sich dagegen erst in verhältnismäßig geringer Anzahl (z.B. Nestlé, Kraft Foods) ausgebildet. Die in der Agrarwirtschaft tätigen vertikal integrierten agrarindustriellen Unternehmen versuchen, Kostenvorteile günstiger Produktionsstandorte zu nutzen, durch Diversifikation und Globalisierung das ökonomische Risiko zu verringern und durch Bündelung des Angebots den Abnehmern (i.d.R. große Supermarktketten) das ganze Jahr über vollständige Produktsortimente anzubieten. Hierdurch entstehen völlig neue logistische Strukturen. Ein solches vertikal integriertes agrarindustrielles Unternehmen ist Smithfield Foods mit Sitz in Smithfield (Virginia, USA). Das Unternehmen betreibt eine vertikal integrierte Schweineproduktion mit eigenen genetischen Zuchtlinien und produziert mit 1,1 Mio. Sauen jährlich etwa 20 Mio. Mastschweine, die in eigenen Mastanlagen oder durch Vertragsmäster gemästet werden. Die Schlachtung und Weiterverarbeitung erfolgt in eigenen Schlacht- und Zerlegebetrieben. Das Unternehmen ist damit der weltgrößte Schweineproduzent mit Mastbetrieben in den USA, Polen und Rumänien, sowie Beteiligungen in Mexiko. Die zunehmend internationale Ausrichtung von Smithfield Foods drückt sich vor allem im Engagement in Osteuropa aus, von wo aus der attraktive europäische Markt mit Schweinefleisch versorgt werden soll. Zu dieser vertikal integrierten Schweineproduktion kommen weitere Anlagen zur Verarbeitung von

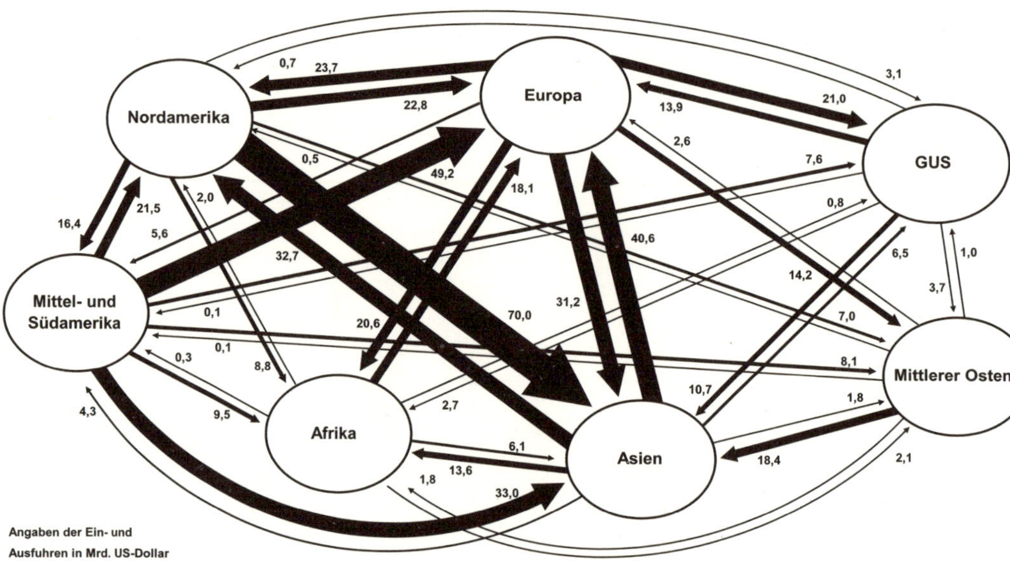

Abb. 3-20: Welthandelsströme mit Agrarprodukten (2008) (WTO 2009, Tab. II.13)

Schweine-, Rind- und Geflügelfleisch, eine maßgebliche Beteiligung an dem größten Putenfleischerzeuger der USA sowie weitere kleinere Geschäftsfelder und Beteiligungen hinzu. Im Jahr 2009 waren 52.400 Personen bei Smithfield Foods beschäftigt, und der Jahresumsatz betrug 12,5 Mrd. $ (Smithfield Foods 2009).

Beispiel: Schweinefleisch

Die Globalisierung verändert auch die **Handelsströme für Agrarprodukte** und beeinflusst Drittstaaten, wie das Beispiel der veränderten Handelsströme für Schweinefleisch zeigt. Japan tätigt aufgrund seines hohen Schweinefleischkonsums seit vielen Jahren Schweinefleischeinfuhren in großem Umfang. Ein sehr wichtiges Lieferland ist traditionell Dänemark, das 1985 rund 41 % der benötigten Importmenge lieferte. Nun wurden im Verlauf der späten 1980er und vor allem der 1990er Jahre in den USA große Mastschweineproduktionsanlagen in Betrieb genommen, die von vertikal integrierten Unternehmen nach dem Vorbild der Geflügelproduktion aufgebaut wurden (so auch von Smithfield Foods). Diese Unternehmen erzeugen in zunehmendem Maße Fleisch für die wachsenden Märkte an der Westküste der USA und für den Export. Durch die angestiegene Produktionsmenge konnte die Exportmenge drastisch gesteigert werden, vor allem der Export nach Japan hatte sehr hohe Zuwachsraten zu verzeichnen. Die stark angestiegenen US-amerikanischen Schweinefleischexporte gingen zu Lasten der dänischen Lieferungen, sodass im Jahr 2004 ihr Anteil an den japanischen Importen (trotz gestiegener Gesamtmenge) nur noch 20 % betrug. Aufgrund dieser Verdrängung durch die US-Ware haben sich die dänischen Erzeuger verstärkt dem europäischen Markt zugewandt, und hier vor allem dem deutschen Markt, da dieser der größte und lukrativste ist. Allein im Zeitraum von 1991 bis 2004 haben sie ihre Exportmenge nach Deutschland mehr als verdoppelt. Durch die Ausweitung des Angebots auf dem deutschen Markt wurden die deutschen Erzeuger mit verstärkter Konkurrenz konfrontiert und das Preisgefüge für Schweinefleisch geriet unter Druck. Somit hat die Ausweitung der US-amerikanischen Schweinefleischexporte nach Japan indirekt negative Folgen für die deutschen Schweinefleischerzeuger gehabt, wodurch die zunehmende Verflechtung der weltweiten Handelsnetze im Rahmen der Globalisierung deutlich wird.

4 Neue Entwicklungen und Herausforderungen

4.1 Das Problem der Welternährung

Bevölkerungswachstum und Nahrungsmittelproduktion

Die Ernährung der Weltbevölkerung ist seit langem eine der grundlegendsten Sorgen der Menschheit. Aufgrund der hohen Risikoanfälligkeit der landwirtschaftlichen Produktion (z. B. durch Wettereinflüsse; vgl. Kap. 2.1) oder als Folge kriegerischer Ereignisse traten **Hungersnöte** wiederholt in wohl allen Regionen der Erde auf. Auch gegenwärtig sind rund eine Milliarde Menschen nicht ausreichend mit Nahrungsmitteln versorgt (FAO 2009, S. 11). Diesen Mangelgebieten im „Hungergürtel der Erde" stehen Regionen mit Nahrungsüberschuss gegenüber, sodass die globale Nahrungssituation „zwei Gesichter" aufweist (OLDERSDORF/WEINGÄRTNER 1996).

Modell: Malthus

Von geographischer Seite wurden insbesondere die Wechselbeziehungen zwischen Bevölkerungsentwicklung und Ernährung vielfach analysiert (z. B. EHLERS 1984, BOHLE 2001). Grundlegend für die Darstellung des „Wettlaufes zwischen Storch und Pflug" ist die 1798 von Thomas Robert **MALTHUS** in seinem Werk *Essay on the Principle of Population* (dt.: Das Bevölkerungsgesetz) veröffentlichte **Bevölkerungstheorie**. Nach Malthus entwickelt sich die Bevölkerungszahl exponentiell (1, 2, 4, 8, 16, 32, 64, 128 ...), wohingegen das Nahrungsangebot nur linear (1, 2, 3, 4, 5, 6, 7, 8, 9, 10 ...) anwächst. Somit öffnet sich zwangsweise auf Dauer eine Schere zwischen Nahrungsmittelbedarf und Nahrungsmittelangebot. Das von Malthus entwickelte Katastrophenszenario ist bislang ausgeblieben, da es durch verschiedene Innovationen gelang, die Nahrungsproduktion in den vergangenen Jahrzehnten stärker zu steigern als die Bevölkerung anwuchs (QAIM 2006, S. 200). Dies ist vor allem eine Folge verbesserten Saatgutes und der Entwicklung der Agrikulturchemie, die durch Mineraldüngung die Erträge drastisch steigern konnte. Dennoch stellt sich die Frage, ob die Nahrungsmittelproduktion auch weiterhin mit dem anhaltenden Bevölkerungswachstum Schritt halten kann.

Ernährungssicherung als Herausforderung

Es ist davon auszugehen, dass die Weltbevölkerung von etwa 6,9 Mrd. Menschen im Jahr 2010 auf rund 9,2 Mrd. im Jahr 2050 ansteigen wird (UN POPULATION DATABASE). Dies stellt die landwirtschaftliche Produktion vor große **Herausforderungen**. Sie muss gegenüber dem Niveau von 2005/2007 bis zum Jahr 2050 insgesamt um 70% (in Entwicklungsländern um nahezu 100%) gesteigert werden. Der Getreidebedarf, der im Jahr 2000 rund 1,9 Mrd. t betrug, wird auf etwa 2,9 Mrd. t anwachsen, die Weltfleischproduktion muss von etwa 270 Mio. t im Jahr 2008 auf ca. 465 Mio. t ausgeweitet werden (MSANGI/ROSEGRANT 2009, S. 27; ALEXANDRATOS 2009, S. 12). Dieser erhöhte Bedarf resultiert nicht allein aus dem Bevölkerungswachstum, er ist auch eine Folge von veränderten **Konsumgewohnheiten** der Bevölkerung in den sich entwickelnden Ländern. Bei steigendem Einkommen sinkt zunächst der direkte Pro-Kopf-Verzehr von Mais und Grobgetreide, wohingegen der Verzehr von Weizen und (in Asien) Reis ansteigt. Mit noch höherem Einkommen und veränderten Lebensgewohnheiten durch Urbanisierung erfolgt eine weitere Verschiebung vom Reis- zum Weizenverbrauch. Außerdem steigt die Nachfrage nach Fleisch an, woraus wiederum ein steigender Bedarf an Futtergetreide resultiert (IAASTD 2009a, S. 274). Da bei der Veredelung von pflanzlichen Erzeugnissen zu Fleisch beträchtliche Veredelungsverluste zu verzeichnen sind, wird vereinzelt gefordert, die tierische Veredelung einzuschränken und die Versorgung der Bevölkerung über vegetarische Kost zu gewährleisten. Dabei wird jedoch vergessen, dass tierisches Eiweiß aufgrund seines relativ hohen Anteils an essentiellen Fettsäuren, die für den menschlichen Körper unentbehrlich sind, wertvoll ist (SCHUG et al. 1996, S. 24). Außerdem existieren weltweit ausgedehnte Flächen, die vorzugsweise oder ausschließlich viehwirtschaftlich genutzt werden können.

Die Anforderungen der Produktionsausweitung treffen jedoch auf ungünstige **Rahmenbedingungen**. So ist die weltweit pro Kopf zur Verfügung stehende Ackerfläche seit mehreren Jahrzehnten rückläufig. Sie betrug im Jahr 1960 etwa 0,45 ha, im Jahr 2010 nur noch 0,25 ha und wird bis 2050 auf unter 0,2 ha sinken (BRUINSMA 2009, S. 3). Zudem stellt sich das Problem der abnehmenden Ertragszuwächse. Die Erträge von Weizen und Reis stiegen im Zeitraum 1965–1999 jährlich um rund 2%, im Zeitraum von 2000–2008 lagen die Zuwächse dagegen unter einem Prozent (MENSBRUGGHE et al. 2009, S. 6). Es wird erheblicher Anstrengungen bedürfen, die Produktion in dem erforderlichen Maße auszuweiten. Dies ist jedoch schon einmal, unter der Bezeichnung **Grüne Revolution**, gelungen. Ziel dieser ab den 1960er Jahren in den Entwicklungsländern durchgeführten Maßnahmen war die Verbreitung von hochertragreichen Sorten von Mais, Weizen und Reis. Damit diese speziell gezüchteten Hybriden ihre höhere Leistungsfähigkeit erreichen, müssen weitere Rahmenbedingungen gegeben sein. Hierzu zählen ein hoher Düngemitteleinsatz, die Anwendung von Pflanzenschutzmitteln und eine ausreichende Bewässerung (SCHUG et al. 1996, S. 51). Wegen dieses Technologiepaketes führte die Grüne Revolution zu einer erheblichen Kontroverse zwischen Befürwortern und Gegnern. Kritiker befürchteten, dass nur die größeren, fortschrittlichen Bauern von der Entwicklung profitieren würden, da es den Kleinbauern an Kapital, Kreditmöglichkeiten und Risikobereitschaft fehlen würde, um das neue Saatgut einzusetzen. Mittlerweile haben sich die Standpunkte einander angenähert; an der grundsätzlich positiven Bilanz der Grünen Revolution wird kaum noch gezweifelt (SCHUG et al. 1996, S. 54; BOHLE 1999). Allerdings war die Grüne Revolution in den einzelnen Regionen der Erde unterschiedlich erfolgreich. Während in Asien sehr positive Ergebnisse verzeichnet wurden, kam das verbesserte Saatgut in Afrika nur in sehr geringem Umfang zur Anwendung. Dies lag an den ungünstigeren infrastrukturellen Gegebenheiten, der weitaus geringeren Bewässerungsmöglichkeit und der traditionell andersgearteten Anbaustruktur, in der Weizen und Reis nur eine vergleichsweise geringe Rolle spielten. Damit waren für potenzielle afrikanische Anwender höhere Zugangsbarrieren zu den neuen Hochertragssorten zu überwinden.

Grüne Revolution

Die dringend notwendige Ausweitung der Produktion im Pflanzenbau ist grundsätzlich auf zwei Wegen möglich: durch die **Ausweitung der Anbaufläche** oder die Erhöhung der Hektarerträge. Die Ackerfläche ist in den vergangenen Jahrzehnten bereits von 1,28 Mrd. ha im Jahr 1961 auf 1,41 Mrd. ha im Jahr 2007 ausgeweitet worden (FAO-DATENBASIS). Dieser Zuwachs erfolgte vor allem in Asien, Afrika und Südamerika, wohingegen sich in Eu-

Handlungsoptionen

ropa und Nordamerika die Anbauflächen rückläufig entwickelten. Für die Zukunft sind theoretisch noch größere Flächenreserven vorhanden, die in Nutzung genommen werden könnten. Allerdings müssten dazu andere Flächennutzungen (z.B. Wald) beseitigt werden, was aus ökologischen Gründen nur sehr begrenzt zu akzeptieren ist. Außerdem ist davon auszugehen, dass die besonders gut geeigneten Flächen bereits ackerbaulich genutzt werden. Neu hinzukommende Flächen dürften daher nur von geringerer Qualität sein oder ökologisch sensible Standorte darstellen. Daher kommt der weiteren **Erhöhung der Hektarerträge** besondere Bedeutung zu. Es wird erwartet, dass künftig 90% der Produktionssteigerungen (in Entwicklungsländern 80%) aus höheren Hektarerträgen resultieren werden, der Rest aus einer Ausweitung der Produktionsflächen (BRUINSMA 2009, S. 2).

Hungerbekämpfung

Eine erfolgreiche **Bekämpfung des Hungers** und des Nahrungsmangels in den betroffenen Regionen setzt noch eine Reihe weiterer Maßnahmen voraus, denn das unzureichende Nahrungsangebot hat verschiedene Ursachen (SCHUG et al. 1996, S. 85ff.). Die niedrige Produktivität der Landwirtschaft beruht auf produktionstechnischen Mängeln wie zu geringem Einsatz von **Dünge- und Pflanzenschutzmitteln**, fehlender Produktionsanreize (beispielsweise durch staatlich fixierte Erzeugerpreise auf niedrigem Niveau) und **geringer Kaufkraft** der Bevölkerung. Hinzu kommen Mängel in der öffentlichen Infrastruktur, die die Bezugs- und Absatzmöglichkeiten der Landwirte einschränken. Dringend notwendig sind daher ein verbesserter Zugang zu Saatgut und Düngemitteln, die Verbreitung leistungsfähiger Zuchtlinien von Nutztieren, verbesserte Maßnahmen der Bodenbearbeitung und ein schonender Einsatz von Bewässerungswasser, landwirtschaftliche Beratung sowie Zugang zu Kapital. Es wird zudem erforderlich sein, durch Züchtung vor allem Pflanzen zu schaffen, die weniger empfindlich gegenüber Dürre oder Salz sind. Bedeutsam ist aber auch der Erhalt eines breiten Spektrums verschiedener Pflanzenarten und -sorten (Biodiversität), um den vielfältigen Standortbedingungen gerecht werden zu können. Daher ist es nur folgerichtig, dass zunehmend auch die Einbeziehung lokalen, überlieferten, traditionellen Wissens einheimischer Bevölkerungsgruppen zum Zwecke verbesserter Agrarproduktion eingefordert wird (IAASTD 2009b, S. 71ff.). Verringert werden müssen auch die großen Verluste, die nach der Ernte durch unzureichende Lagerung oder durch Schädlinge entstehen. Diese werden bei Getreide auf etwa 10% der Erntemenge geschätzt und können bei leichter verderblichen Produkten auch über 20% hinausgehen (SCHUG et al. 1996, S. 26).

Notwendigkeit von Investitionen und Innovationen

Unerlässlich sind erhöhte **Investitionen in den Agrarsektor**, sowohl in den Hungerregionen als auch in den bereits entwickelten Ländern. Die notwendigen Investitionen in den Agrarsektor der Entwicklungsländer werden für den Zeitraum von 2005 bis 2050 auf insgesamt 9,2 Billionen Dollar veranschlagt, davon 57% für den eigentlichen Produktionsbereich. Der Rest entfällt auf unterstützende Dienstleistungen. Innerhalb des eigentlichen Produktionsbereiches werden 25% der Investitionen für die Mechanisierung und rund 20% für die Ausweitung und Verbesserung der Bewässerung angesetzt (SCHMIDHUBER et al. 2009). In den entwickelten Ländern sind Forschungsgelder des öffentlichen Sektors in immer geringerem Maße zum Ziel der Produktivitätssteigerungen auf den Betrieben eingesetzt worden. Dafür wurden jedoch zunehmend Mittel eingesetzt, um Fragen der Nahrungsmittelsicherheit, Nahrungsqualität, der menschlichen Gesundheit und Ernährung sowie der Umweltbeeinträchtigungen zu klären. Im Hinblick auf das Ziel der Hungerbekämpfung auf der Erde wäre hier eine Rückverlagerung in Forschungsfelder zu wünschen, die der Produktionssteigerung dienen.Wie groß die zu bewältigenden Aufgaben sind, zeigt sich in besonderer Weise in **Afrika südlich der Sahara**, wo die Ernährungssituation besonders besorgniserregend ist. Nirgends sonst auf der Welt liegt die Pro-Kopf-Versorgung der Bevölkerung mit Kalorien niedriger (FAO 2009). Ursächlich dafür ist das Zusammentreffen nahezu aller nachteiligen Einzelfaktoren. So bringen Farmer dort pro Jahr durchschnittlich weniger als 10 kg an Düngemitteln pro ha aus (in Südasien werden mehr als 100 kg appliziert). Aufgrund des geringen Handelsvolumens und hoher Transportkosten liegt der Preis für Düngemittel dort verhältnismäßig hoch, was ihren Einsatz sehr einschränkt. Als Folge sind etwa 75% des Farmlandes durch schwere Nährstoffverarmung beeinträchtigt (World Bank 2007, S. 55, 233). Dieser Verlust der Bodenfruchtbarkeit wird ergänzt durch großflächige Bodenerosion, Überweidung und Versalzung. Hinzu kommt die völlig unzureichende öffentliche Infrastruktur. So beträgt in Äthiopien die durchschnittliche Entfernung einer Farm zur nächsten Straße 10 km, zur nächsten öffentlichen Transporteinrichtung 18 km (World Bank 2007, S. 57). Damit ist für den weitaus größten Teil der Erzeuger nur ein unzureichender Zugang zu den Bezugsmärkten für Düngemittel und hochwertiges Saatgut sowie zu den Absatzmärkten gegeben, auf denen sie gegebenenfalls erzeugte Überschüsse absetzen könnten.

Hungerproblem in Afrika

Die außerordentlich große Herausforderung, die die Bekämpfung des Welthungers darstellt, zeigt sich an den Rückschlägen, die in den letzten Jahren aufgetreten sind. Beflügelt durch die in den 1980er und frühen 1990er Jahren erzielten Fortschritte in der Bekämpfung des Hungers auf der Erde wurde auf dem **Welternährungsgipfel**, der 1996 in Rom stattfand, das Ziel verkündet, bis zum Jahr 2015 die Anzahl der unterernährten Personen auf der Erde gegenüber dem Wert von 1990 zu halbieren. Dieses Ziel wird jedoch offensichtlich verfehlt werden, da seither die Anzahl der Unterernährten wieder angestiegen ist. Waren im Jahr 1990 etwa 826 Mio. Menschen unterernährt, wurde im Jahr 2009 ein Wert von über 1 Milliarde erreicht (FAO 2009, S. 11, 48). Angesichts des neu hinzugekommenen Nutzungskonkurrenten Bioenergie ist die zu bewältigende Aufgabe nicht leichter geworden.

4.2 Teller oder Tank: Bioenergie als neuer Flächenkonkurrent

In den letzten Jahren hat die Erzeugung von Rohstoffen zur Energiegewinnung einen wahren Boom erfahren. Ursächlich waren der erhebliche Anstieg der Preise für fossile Energieträger, das Bestreben großer Industrieländer, ihre diesbezügliche Importabhängigkeit zu reduzieren, und die Absicht, durch die Verwendung von Bioenergie anstelle von fossilen Brennstoffen den CO_2-Ausstoß zu verringern.

Bioenergien

Unter den verschiedenen Formen der Bioenergieerzeugung sind drei von herausragender Bedeutung: die Produktion von Bioethanol, von Biodiesel und von Biogas (Methan). Bioethanol und Biodiesel sind Kraftstoffe, die zum Betrieb von Fahrzeugen (auch als Beimischung zum Benzin) verwendet werden, während Biogas ganz überwiegend der Erzeugung von elektrischem Strom dient. Die regionalen Schwerpunkte in der Erzeugung von **Bioethanol** liegen in Brasilien und den USA (Abb. 4-1), auf die im Jahr 2008 annähernd 90% der Welterzeugung entfielen (RFA 2009). In beiden Staaten wird Ethanol als Kraftstoff verwendet, wobei eine Beimischungspflicht zum Benzin besteht. Neben diesen gesetzlichen Regelungen profitiert die Branche in den USA von der breiten Rohstoffgrundlage (überwiegend Mais), in

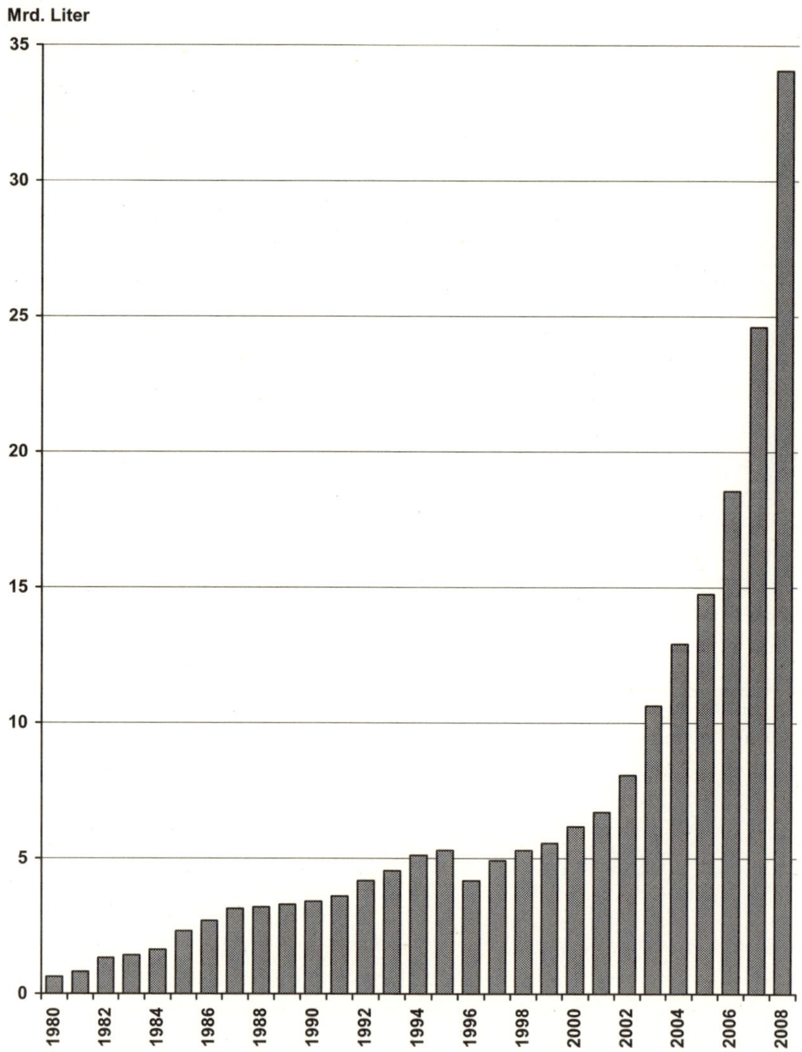

Abb. 4-1: Entwicklung der Ethanolproduktion in den USA (1980–2008) (RFA 2009, S. 3)

Brasilien liegen die Vorteile in einer ausgereiften Technologie sowie einer sehr großen Rohstoffgrundlage in Form von Zuckerrohr (DÜNCKMANN 2000; SCHACHT 2008).

Zur Erzeugung von **Biodiesel** werden überwiegend Ölpflanzen (Raps, Sonnenblumen, Sojabohnen, Ölpalme) genutzt. Der größte Produzent ist die EU, gefolgt von den USA, weitere große Erzeuger sind Brasilien, Indonesien und Malaysia (FAO 2008, S. 48f.). **Biogas** entsteht aus der anaeroben Vergärung von organischem Material (z.B. Energiepflanzen, Mist, Gülle, Klärschlamm, Schlachtabfälle). Es kann entweder in Kraftstoff umgewandelt oder zur Erzeugung elektrischer Energie und Wärme verwendet werden. In der EU wird Biogas bislang überwiegend zur Erzeugung elektrischer Energie eingesetzt, wobei Deutschland führend ist (Abb. 4-2), nicht zuletzt wegen der Regelungen im Erneuerbare Energien Gesetz (EEG), das sehr hohe Vergütungen für die Einspeisung der erzeugten Energie in die öffentlichen Stromnetze garantiert.

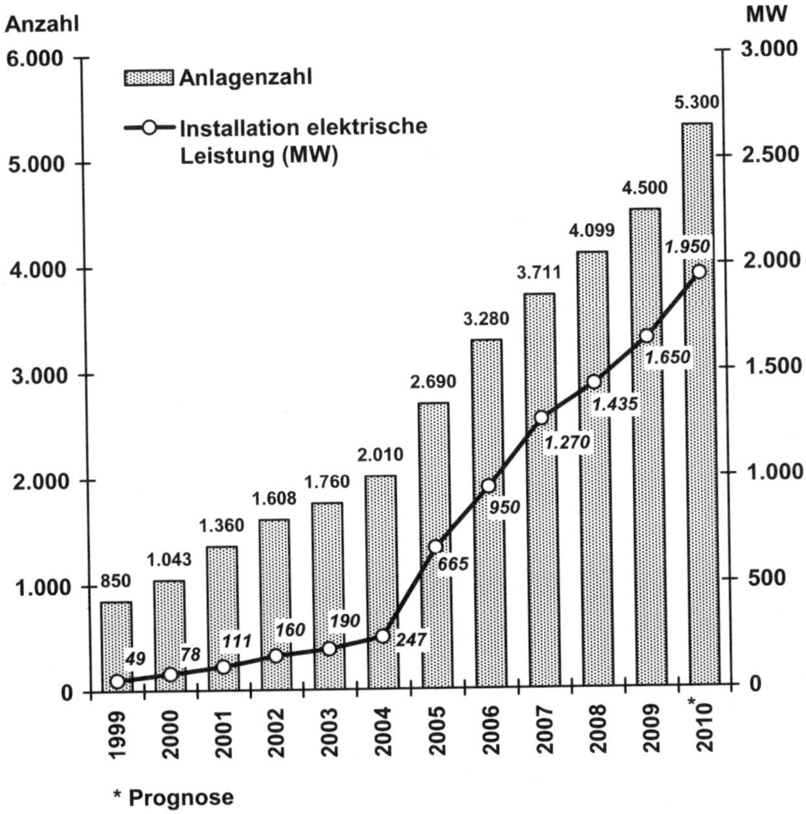

Abb. 4-2: Entwicklung der Anzahl und Leistung der Biogasanlagen in Deutschland (1999–2010) (FACHAGENTUR FÜR NACHWACHSENDE ROHSTOFFE, www.fnr.de)

Probleme durch Bioenergieerzeugung

Die starke Ausweitung der Bioenergieerzeugung zeigt auch beträchtliche **negative Auswirkungen**. Die in den einzelnen Staaten verfolgten politischen

Fördermaßnahmen sind kostspielig und haben auf den ohnehin stark politisch beeinflussten Agrarmärkten zu weiteren Verzerrungen geführt (FAO 2008, S. 40). Problematisch ist, dass größere Mengen von ursprünglich zur Gewinnung von Nahrungs- und Futtermitteln angebauten Pflanzen (Mais, Ölpalme, Soja) nun zur Energiegewinnung eingesetzt werden. Diese Mengen stehen für Ernährungszwecke oder zur Fütterung der Nutztiere nicht mehr zur Verfügung. Damit treten die zur Energiegewinnung angebauten Pflanzen mit den anderen Anbaufrüchten in eine Flächenkonkurrenz, sodass sich die Landwirtschaft zunehmend in einem neuen Spannungsfeld zwischen Energie- und Nahrungsmittelproduktion bewegt (KLOHN/WINDHORST 2007). Es besteht die Gefahr, dass die Bioenergie das Hungerproblem auf der Erde massiv verschärft. In ökologischer Hinsicht ist die Ausweitung der Palmölproduktion in Südostasien besonders bedenklich (PYE 2008), vor allem, wenn tropische Waldbestände in Palmöl-Monokulturen umgewandelt werden.

Nutzungskonkurrenz

Aber auch innerhalb des landwirtschaftlichen Sektors kommt es zu Verwerfungen. Landwirte, die eine Biogasanlage betreiben, haben dazu größere Investitionen getätigt und sind auf deren kontinuierlichen Betrieb angewiesen. Sie benötigen zur Beschickung der Biogasanlage vor allem große Mengen an Maissilage, die jedoch nicht über größere Entfernungen transportiert werden kann, und daher aus dem Nahbereich bezogen werden muss. Durch die staatlich garantierte Einspeisevergütung können die Biogasanlagenbetreiber hohe Pachtpreise für das benötigte Land zahlen, was zu Lasten anderer Landwirte in der Region geht. So erleiden beispielsweise Veredlungsbetriebe durch höhere Kosten für Futtermittel Einkommenseinbußen.

Die Förderung der Biokraftstoffe führt damit zu Zielkonflikten. Insbesondere die politischen Einflüsse (Steueranreize, Beimischungsverpflichtungen, Einspeiseentgelte) führen zu Verzerrungen auf den Märkten und zur Verknappung der Landressourcen. Bei der Biokraftstoffproduktion sind somit auch negative ökologische und soziale Auswirkungen zu beachten (BREUER et al. 2008).

4.3 Entwicklungen und Herausforderungen der Agrarwirtschaft in Wohlstandsgesellschaften

Nahrungsmittelversorgung in Industrieländern

Die jüngere Entwicklungsdynamik der Agrarwirtschaft weist deutliche **regionale Unterschiede** auf. Während eine quantitativ und qualitativ ausreichende Versorgung mit Grundnahrungsmitteln in vielen Entwicklungsländern keineswegs sichergestellt ist, stehen in den Industrieländern eine überaus reiche und breite Auswahl an Erzeugnissen einer hoch entwickelten Nahrungsmittelindustrie und eine große Vielfalt an Importprodukten ganzjährig zur Verfügung. Im Zuge der **Industrialisierung der Agrarwirtschaft** wurde eine enorme Steigerung der Produktionsleistung der Agrarflächen und Nutztiere erzielt. Parallel zur Intensivierung und zum Strukturwandel in der Landwirtschaft fand auch ein Wandel der Handelsstufen und der Konsumstrukturen in der **Wohlstandsgesellschaft** statt. Verarbeitungsindustrie und Bevölkerung werden durch eine immer kleinere Zahl landwirtschaftlicher Betriebe im Überfluss mit Agrarprodukten versorgt. Die ehemals starke Stellung der Erzeugerbetriebe in der Gesellschaft und der Politik hat sich jedoch deutlich abgeschwächt. Neben der erfolgreichen Produktions- und Produktivitätssteigerung sind auch negative Begleiterscheinungen der landwirtschaftlichen Intensivierung in das Blickfeld der Öffentlichkeit getreten. **Probleme** wie etwa die Vernichtung von Produktionsüberschüssen, Umweltbelastungen, Gesundheitsgefährdungen durch Pflanzenschutzmittel, Fragen des Tierschutzes, die Ausbreitung von Krankheiten wie BSE („Rinderwahnsinn") und Lebensmittelskandale (z.B. gepanschter Wein, „Gammelfleisch") fanden Verbreitung über eine kritische (aber nicht immer sachgerechte) Berichterstattung in den Medien und haben zu einer großenteils negativen **öffentlichen Wahrnehmung** der Landwirtschaft geführt. Die überwiegend städtisch geprägten Konsumenten sind von der Landwirtschaft entfremdet. Ihre Sorgen und Ängste um Lebensmittel („food fears") aus für sie kaum nachvollziehbaren, immer komplexeren Verarbeitungsprozessen sind ebenso wie die entsprechenden Reaktionen wiederholt in der Literatur thematisiert worden (z.B. Blay-Palmer 2008). In der Namensgebung des deutschen Landwirtschaftsministeriums erscheint schließlich der Begriff „Verbraucherschutz", so als müsste der Verbraucher vor der Agrarwirtschaft geschützt werden. Auch in anderen Ländern stoßen Erscheinungen der Industrialisierung der Landwirtschaft, der Globalisierung der Agrarmärkte sowie der Standardisierung von Nahrungsmitteln in Teilen der Gesellschaft, auch unter Landwirten, zunehmend auf Ablehnung. Besonderes Aufsehen haben Initiativen des Widerstands gegen Fast-Food („malbouffe" =„Schlechtfraß") und genveränderte Pflanzen in Frankreich erregt (Bové/Dufour 2001).

Image der Landwirtschaft

Verschiedene Einflussfaktoren wirken also auf die gegenwärtigen Entwicklungen der Landwirtschaft in wohlhabenden Ländern ein: Einerseits unterliegen die landwirtschaftlichen Betriebe den Zwängen des zunehmenden Wettbewerbs und Strukturwandels, und andererseits stellt die Gesellschaft veränderte und immer **vielfältigere Erwartungen** an die Landwirtschaft, während die Politik bestrebt ist, die Rahmenbedingungen an die sich wandelnden wirtschaftlichen, sozialen und ökologischen Erfordernisse anzupassen. Gesichtspunkte der Produktsicherheit, Dokumentation der Herkunft, Umweltverträglichkeit der Produktion und der Einhaltung von Tierschutzrichtlinien finden wachsende Beachtung und verlangen nach weiteren technologischen und organisatorischen Innovationen in der Agrarwirtschaft. In einem besonderen Spannungsfeld zwischen Umwelt- und Tierschutz, Verbrauchererwartungen und Erfordernissen der Wettbewerbsfähigkeit befindet sich die Tierhaltung. Veränderungen gesetzlicher Bestimmungen zu Mindestanforderungen artgerechter Tierhaltung schlagen sich in den Produktionskosten der Betriebe nieder, während höhere Lebensmittelpreise bei Verbrauchern kaum auf Verständnis stoßen bzw. durch die Möglichkeit billigerer Importe nicht durchgesetzt werden können. Probleme können bei einer einseitigen Verschärfung gesetzlicher Regelungen innerhalb eines Landes entstehen. So haben deutsche Betriebe der Tierproduktion Wettbewerbsnachteile durch eine politische Vorreiterrolle Deutschlands

Anforderungen an die Tierhaltung

bei **Tierschutzauflagen** zu verzeichnen. Beispielsweise gilt das Verbot der konventionellen Käfighaltung von Legehennen in Deutschland bereits 2010, in der EU insgesamt jedoch erst ab 2012 (KLOHN/VOTH 2009, S. 212f.). In Kalifornien wurde auf Druck von Tierschutzorganisationen im Jahr 2008 ein Volksentscheid durchgeführt, der zur Folge hat, dass auch dort bis 2015 die Käfighaltung eingestellt werden muss. Ein vergleichbares Gesetz, das eine Beendigung der Käfighaltung innerhalb von 10 Jahren vorsieht, wurde im Jahr 2009 in Michigan verabschiedet.

Um einen freien Handel ohne Wettbewerbsverzerrung zu gewährleisten und eventuelle Standortverlagerungen der Produktion zu vermeiden, ist auf eine Harmonisierung und einheitliche Umsetzung erhöhter Umwelt- und Tierschutzbestimmungen auch auf internationaler Ebene zu achten.

Qualität und Sicherheit von Nahrungsmitteln

Im Hinblick auf die komplexen **Anforderungen an die Herstellung von Nahrungsmitteln** wird in der Tierhaltung ein Übergang zu geschlossenen Produktionssystemen erfolgen, welche eine Rückverfolgbarkeit der Produkte und eine Dokumentation des Produktionsprozesses gewährleisten. Die Ausbildung vertikaler Strukturen in der Produktionskette und Fortschritte der Bio- und Gentechnologie bieten in Zukunft Möglichkeiten der Erfüllung individueller Ansprüche der Konsumenten in verschiedenen Marktsegmenten (WINDHORST 2003). Als Antwort auf die steigenden Sicherheits- und Qualitätsbedürfnisse ist z.B. das in Deutschland eingeführte, alle Produktionsstufen umfassende **Qualitätssicherungssystem** „QS Qualität und Sicherheit" zu nennen (VON BITTER 2006). Wachsende Anforderungen auf einem überwiegend gesättigten und hart umkämpften Markt zwingen die Ernährungswirtschaft zur Kundenorientierung. Die zunehmenden Unterschiede im Qualitätsverständnis und die **Vielfalt der Konsumwünsche** eröffnen Marktsegmente für verschiedene Produktions- und Angebotsformen. Die industrialisierte Landwirtschaft, die den weitaus größten Teil der Nahrungsmittelversorgung sicherstellt, und verschiedene **alternative Netzwerke** der Erzeugung und Vermarktung von Nahrungsmitteln (WATTS et al. 2005) stehen nicht als „schlechte" oder „gute" Systeme nebeneinander und lösen einander auch nicht ab, sondern ergänzen einander und lernen voneinander. Im Hinblick auf die Bedeutungszunahme bestimmter Qualitäts- und Herkunftsaspekte von Lebensmitteln unterscheidet DÜNCKMANN (2007) neben einer subsistenzorientierten und einer industriellen Nahrungsmittelproduktion, die in Entwicklungsländern häufig nebeneinander existieren, außerdem eine dienstleistungsorientierte, sich wieder an der Nähe zum Kunden ausrichtende Nahrungsmittelproduktion. Diese folgt einem erweiterten Verständnis der Landwirtschaft in den Wohlstandsgesellschaften und schließt neben der Produktionsfunktion auch gesellschaftlich-soziale und ökologische Funktionen ein. Sowohl Impulse seitens der Erzeuger als auch der Nachfrage begünstigen die **Entwicklung alternativer Formen der Nahrungsmittelproduktion und Landnutzung**, die Aspekte aus den Bereichen Gesundheit, regionale Herkunft, Umweltschutz, Kulturlandschaftspflege sowie Freizeit und Erholung beinhalten. Eine aktive und innovative Ausrichtung von Agrarbetrieben an der sich wandelnden Nachfrage nach landwirtschaftlichen Produkten und Dienstleistungen schafft verbesserte oder zusätzliche Einkommensmöglichkeiten. In Europa entwickelt sich neben der industrialisierten Agrarproduktion folglich auch eine multifunktionale Land-

Wandel der Nachfrage

Multifunktionale Landwirtschaft

wirtschaft, die Wettbewerbsvorteile nicht durch weitere Produktivitätssteigerung, sondern vielmehr durch eine an den Wünschen der kaufkräftigen Verbraucher orientierten Qualität anstrebt (Dünckmann 2007).

Im Hinblick auf ablaufende Prozesse der Nutzungsextensivierung und die Bedeutungszunahme anderer Funktionen von Agrarbetrieben neben der Nahrungsmittelproduktion ist insbesondere in Großbritannien ein Übergang zu einer „post-produktivistischen" Landwirtschaft diskutiert worden. Prozesse der Extensivierung und auch der weiteren Intensivierung der Agrarproduktion sind jedoch nebeneinander anzutreffen und kennzeichnen die gegenwärtige **Multifunktionalität** der Landwirtschaft und Agrarlandschaft in Europa (Wilson 2002). Neue **Dienstleistungen** landwirtschaftlicher Betriebe, die sich an der städtischen Nachfrage, am Tourismus und am Umweltschutz orientieren, haben deutlich zugenommen und wirken in einigen Regionen z.T. landschaftsprägend. Zu nennen sind beispielsweise die Pensionspferdehaltung und Pferdekoppeln im stadtnahen Umland, die Erhaltung und Zurschaustellung historischer landwirtschaftlicher Gebäude und Geräte, die Pflege traditioneller Heckenlandschaften, Bildungsangebote auf landwirtschaftlichen Betrieben, Streichelwiesen mit seltenen Haustierrassen, Obstbaumpatenschaften, oder das Angebot eigener Produkte und Dienstleistungen in Hofläden und Hofcafés. Die Breite und der Ideenreichtum der betrieblichen **Diversifizierung** inner- und außerhalb der Agrarproduktion sind beeindruckend (vgl. Robinson 2004, S. 134ff.). Hinzu kommen außerlandwirtschaftliche Einkommen. Häufig kombinieren die Betriebe verschiedene Aktivitäten miteinander (**Pluriaktivität**). Die Agrarproduktion wird mit anderen Leistungen verknüpft und ergänzt, die in Maßnahmen zur Entwicklung ländlicher Räume oftmals sogar gefördert werden. Die Unterstützung von Prozessen wirtschaftlicher Diversifizierung und Umweltschutzzielen entspricht den sich wandelnden Schwerpunktsetzungen innerhalb der EU-Agrarpolitik.

Diversifizierung durch Dienstleistungsangebote

Während Standardprodukte der global agierenden Nahrungsmittelindustrie die Massenmärkte beherrschen, kann die Hervorhebung besonderer Merkmale des Produktionsprozesses (z.B. Ökolandbau, artgerechte Tierhaltung) und der Vermarktung (z.B. Direktvermarktung, Fair Trade) einigen Betrieben günstigere Absatzchancen bieten. Eine weitere Möglichkeit der Einkommensverbesserung durch Erschließung besonderer Marktsegmente besteht in der Betonung der **Herkunft**. Das Bild regionaler Herkunft von Lebensmitteln, insbesondere von kleinen bäuerlichen Betrieben oder aus landschaftlich reizvollen und naturnahen Gebieten, ist in der Öffentlichkeit positiv besetzt. Grundsätzlich lassen sich zwei Strategien der **Aufwertung regionaler Agrarprodukte** unterscheiden, die in verschiedenen Varianten kombiniert werden können: die Förderung regionaler Wertschöpfungsketten und -kreisläufe sowie Konzepte zu Kennzeichnung und rechtlichem Schutz von Herkunftsbezeichnungen (Penker/Payer 2005). Formen der Direktvermarktung (z.B. Hofladen, Bauernmarkt) und regionale Marken verbinden den Herkunftsaspekt mit bestimmten Qualitätsmerkmalen der Lebensmittel, attraktiver Landschaften und kleinräumiger Wirtschaftsregionen und vermitteln den Konsumenten Werte wie Sicherheit, Identität, Frische, soziale Nähe und Einzigartigkeit. Es erfolgt eine neue Bewertung und Wiederbelebung der Vielfalt regionaler Agrarprodukte und Speisen. Produkte

Regionale Herkunft

werden in komplexen Marketingprozessen mit dem Raum verknüpft (ILBERY/KNEAFSEY 1998). Der Raumbezug macht das Produkt unverwechselbar. Regionalität ist jedoch keine Qualitätseigenschaft der Agrarprodukte, sondern ergibt sich aus einer subjektiven Bewertung, wird im Laufe der Zeit an konstruierte raumbezogene Bilder gebunden und als authentisch bestätigt. Ein besonderer Schwerpunkt in Initiativen ländlicher Entwicklung liegt häufig auf der **Stärkung regionaler Wirtschaftskreisläufe**, sodass auch in Deutschland zahlreiche Regionalvermarktungsprogramme für Lebensmittel entstanden sind, die mit unterschiedlichem Erfolg und Verständnis von Regionalität umgesetzt werden (ERMANN 2006). Lebensmittel regionaler Herkunft werden mit bestimmten Attributen besetzt, die die verloren gegangene räumliche und emotionale Nähe zwischen den Konsumenten und der Agrarproduktion wiederherstellen sollen. Als Problem stellt sich inzwischen die unüberschaubare Vielzahl an Herkunfts- und Qualitätszeichen heraus.

Regionale Vermarktung

Erfolg und Kontinuität am Markt können zu einer Identifizierung des Produktes mit dessen Herkunft führen. Das entstandene Image wird mit besseren Preisen belohnt, die zu Imitationen anregen können. Um eine irreführende Verwendung von Namen regionaltypischer Produkte zu verhindern, werden zunehmend **geographische Herkunftsbezeichnungen** rechtlich geschützt, ähnlich wie Patente. Die Vergabe geschützter Herkunftsbezeichnungen war zuerst beim Wein bekannt, hat sich dann aber auf andere Lebensmittel ausgeweitet, insbesondere in Frankreich. Dort besteht bereits eine längere Tradition in der Aufwertung von Lebensmitteln mit Herkunft aus einem bestimmten „**terroir**", einem geographisch abgegrenzten Produktionsgebiet, das über agrarökologische Bedingungen, aber auch kulturelle und historische Merkmale definiert und zunehmend durch Herkunftszeichnungen geschützt wird (PITTE 1999). Dieses vornehmlich südeuropäische Modell ist seit 1992 auf der Ebene der EU mit einem spezifischen Rechtsrahmen eingeführt worden (VOTH 2003). Die somit aufgewerteten Produkte spielen zumeist auch im Regionalmarketing und bei der Entwicklung des Tourismus eine Rolle (z.B. Spreewälder Gurke). Viele Produkte mit geschützten geographischen Herkunftsbezeichnungen konzentrieren sich gerade in ländlichen Räumen, die aufgrund ungünstiger naturräumlicher Bedingungen oder Merkmale der Betriebsstrukturen weniger an der Modernisierung und Industrialisierung der Landwirtschaft teilhaben konnten, sodass regionale Produktionsmethoden und Traditionen stärker bewahrt blieben. Dort werden z.B. aus einer Verknüpfung regionaler Produkte mit den Namen von Naturparks oder anderen Großschutzgebieten Absatzvorteile erhofft (VOTH 2009).

Schutz regionaltypischer Produkte

Ökolandbau

Im Rahmen einer umweltorientierten Förderung der Landwirtschaft hat in Deutschland der **ökologische Landbau** (Ökolandbau) besondere Aufmerksamkeit erhalten (LUKHAUP 1999). Die wachsende Zahl umwelt- und gesundheitsbewusster Verbraucher ermöglichte es landwirtschaftlichen Betrieben, Lebensmittel mit dem Qualitätsmerkmal der Erzeugung nach Richtlinien des Ökolandbaus anzubieten und abzusetzen. Der innovative Charakter liegt in der Kontrolle einer festgelegten Produktionsweise und deren Vermittlung an die Konsumenten. In Deutschland und auch auf der Ebene der EU erhalten Erzeugnisse des ökologischen Landbaus ein spezielles Bio-Siegel. Kennzeichen des Ökolandbaus sind unter anderem eine vielseitige und ausgewogene Bodennutzung zur Erhaltung der Bodenfruchtbarkeit, der Einsatz betriebseigener organischer Dünger und Futtermittel in einem möglichst geschlossenen Betriebskreislauf, der Verzicht auf chemisch-synthetische Pflanzenschutz- und Düngemittel, sowie die Bindung des Tierbesatzes an die verfügbare Betriebsfläche. Die anfänglich starke Betonung der Direktvermarktung im ökologischen Landbau war einerseits eine Notwendigkeit im Absatz eines zunächst relativ wenig nachgefragten Nischenproduktes, entsprach aber andererseits auch dem Ziel der Transportvermeidung und somit umweltfreundlichen Vermarktung sowie der Bevorzugung regionaler Produkte durch einen bestimmten Konsumentenkreis. Der konventionelle Lebensmittelhandel war an der Vermarktung von Öko-Lebensmitteln zunächst kaum beteiligt, ist aber für die enorme Umsatzsteigerung der letzten Jahre verantwortlich. Seit Beginn der 1990er Jahre konnte der ökologische Landbau erhebliche Zuwächse verzeichnen. Die Zahl der ökologisch wirtschaftenden Betriebe hat sich seither vervielfacht. Dennoch ist zu bedenken, dass trotz des starken Zuwachses kaum mehr als 5% der landwirtschaftlichen Betriebe in Deutschland auf den ökologischen Landbau umgestellt sind und insgesamt lediglich gut 5% der landwirtschaftlichen Nutzfläche bewirtschaften (2009). Nur ein kleiner Teil der Konsumenten ist tatsächlich bereit, für ökologisch erzeugte Lebensmittel einen entsprechenden Mehrpreis zu bezahlen (KANTELHARDT/HEIẞENHUBER 2005). Parallel zur Expansion des ökologischen Landbaus entstanden auch andere Initiativen zur Kontrolle und Kennzeichnung von Lebensmitteln aus Produktionsformen, die einen schonenden Umgang mit den natürlichen Ressourcen anstreben. Sie stellen ebenfalls Versuche der Qualitätsdifferenzierung dar und entsprechen dem Wunsch der Verbraucher nach Sicherheit und gesunder Ernährung. So hat z. B. auch der sog. „**integrierte Anbau**" Förderung erhalten, der im Unterschied zum ökologischen Landbau den Einsatz chemischer Pflanzenschutz- und Düngemittel nicht ganz untersagt, sondern ihn nach festgelegten Richtlinien auf ein an Schadschwellen und ökonomischen Gesichtspunkten orientiertes Minimum reduziert. Darüber hinaus betreffen zahlreiche Maßnahmen aus Agrarumweltprogrammen fast alle Bereiche der konventionellen Landwirtschaft.

Integrierter Anbau

Verschiedene Herausforderungen der Agrarwirtschaft werden von der **Biotechnologie und Genforschung** angegangen, die oft als frontaler Gegensatz zum Ökolandbau dargestellt wird. Die Entwicklung genetisch veränderter Organismen (**GVO**) verfolgt mehrere Ziele, u. a. eine Erhöhung der Verfügbarkeit von Kulturpflanzen mit Resistenzen gegen Krankheiten und Schädlinge oder mit verbesserter Dürretoleranz. Allerdings unterliegen die kostenintensiv entwickelten GVO-Sorten meist Patenten der Biotechnologiebranche. Die kontrovers geführte Diskussion um ihre Verwendung in der Anbaupraxis ist stark politisiert. Insbesondere in Deutschland und einigen anderen europäischen Ländern bestehen starke Vorbehalte gegenüber gentechnisch veränderten Pflanzen und Tieren. Im Ökolandbau sind gentechnisch veränderte Produkte ganz verboten; sie treffen aber auch in der konventionellen Landwirtschaft aufgrund fehlender langfristiger Erfahrungen und der Zurückhaltung der Konsumenten noch auf eine breite Ablehnung. Die sehr restriktive Genehmigungspraxis für GVO-Sorten in der EU führt zu Problemen, da in anderen Regionen der Erde (vor allem Nord- und Südame-

Genetisch veränderte Organismen

rika) verschiedene GVO-Sorten von Mais, Soja und Baumwolle bereits auf großen Flächen angebaut werden. Der Import von Soja als Futtermittel ist für die Tierhaltung in der EU unverzichtbar. Wenn jedoch beim Import auch nur kleinste Verunreinigungen durch Stäube von GVO-Sorten festgestellt werden, die in der EU nicht zugelassen sind, müssen komplette Schiffsladungen zurückgeschickt werden. Die europäische Futtermittelindustrie beklagt dementsprechend die sehr strengen Bestimmungen der EU.

In anderen Regionen der Erde stellt sich die Situation anders dar. GVO-Sorten werden auf immer größeren Flächen angebaut. Dies gilt nicht nur für Nord- und Südamerika, sondern auch für zahlreiche Entwicklungs- und Schwellenländer weltweit. Viele Kleinbauern in einigen Entwicklungsländern sehen im Einsatz neuer GVO-Sorten durchaus Vorteile, sodass die Verbreitung dort teilweise schon weit vorangeschritten ist (STEIN et al. 2008). Neuere Studien zeigen, dass durch den Anbau gentechnisch veränderter Baumwolle in Indien auch die Kleinbauern profitieren. Sie konnten höhere Erträge bei geringerem Pestizideinsatz und damit einen beträchtlichen finanziellen Mehrgewinn pro ha Anbaufläche erzielen (QAIM 2009).

4.4 Neue globale Herausforderung: der Klimawandel

Klimaprognosen

Eine ganz neue Herausforderung für die Agrarwirtschaft (und die Agrargeographie) ist der **Klimawandel**. Aussagen über seinen möglichen Umfang und seine regional unterschiedlichen Ausprägungen basieren auf Klimarechenmodellen und sind daher mit erheblichen Unsicherheiten behaftet. Dies gilt in noch stärkerem Maße für die prognostizierten Auswirkungen auf die Landwirtschaft, da einerseits regional differenziert werden muss und andererseits zahlreiche Subkomplexe mit ihren Wechselwirkungen und Rückkopplungen noch nicht hinreichend verstanden werden (CHMIELEWSKI 2009, S. 33).

Beitrag der Landwirtschaft zum Klimawandel

Insgesamt soll die Landwirtschaft weltweit durch Pflanzenbau und Tierhaltung mit 13,5% zu den globalen Treibhausgasemissionen beitragen (IAASTD 2009b, S. 47), in Deutschland wird ihr Beitrag auf 7% veranschlagt (CHMIELEWSKI 2009, S. 28). Andere Quellen nennen jeweils auch höhere Werte. Die Rolle der Landwirtschaft im Klimawandel ist insofern schwierig zu bewerten, weil sie sowohl Mitverursacher, Betroffener als auch Problemlöser des Klimawandels ist (oder sein kann). Die Landwirtschaft ist **Mitverursacher**, da sie Spurengase (vor allem Methan: CH_4 und Lachgas: N_2O) emittiert. Grundsätzlich ist dabei zu fragen, ob eine Emission, die eine Nebenwirkung der Lebensmittelproduktion ist, mit demselben Maßstab beurteilt werden kann, wie die Emissionen, die beispielsweise bei einem Flug zu einem Urlaubsziel entstehen (ZEHETMEIER 2010, S. 56). Methan entsteht in der Landwirtschaft vor allem im Verdauungstrakt der Rinder bei der Verdauung von groben Futterstoffen (z.B. Zellulose) sowie mikrobiell im Boden, vorzugsweise beim Nassreisanbau. Aus der Tierhaltung werden noch weitere Spurengase freigesetzt, wobei insbesondere Ammoniak (NH_3) von Bedeutung ist. Über gezielte Fütterungstechnik und Futtermittelzusätze lassen sich die Ammoniak-Ausscheidungen der Tiere maßgeblich reduzieren. Eine Verringerung der Methan- und Lachgasemissionen ist mittels exakter Dosierungen von Düngergaben, die auf die Aufnahmefähigkeit der Pflanzen abgestimmt ist, durch sachgemäße Lagerung von Dung und Gülle sowie durch neue Ausbringungstechniken zu erreichen. Eine Verringerung der Ausstöße von Methan und Kohlendioxid aus der Rinderhaltung ist außerdem durch weitere Leistungssteigerung je Kuh möglich (PIATKOWSKI/JENTSCH 2009). So zeigen Modellrechnungen, dass die Methanemissionen bei einer Kuh, die 4.000 l Milch pro Jahr erzeugt, bei 23,5 g je kg Milch liegen. Bei einer Kuh mit einer Jahresleistung von 10.000 Litern sind es dagegen nur noch 13,6 g je kg Milch (ZEHETMEIER 2010, S. 56). Somit sind die manchmal mit einem negativen Image belegten „Turbokühe" am klimafreundlichsten.

Die Landwirtschaft ist **Problemlöser**, da sie durch die Produktion von Nahrungs- und Futtermitteln sowie nachwachsender Rohstoffe CO_2 bindet. Und sie ist **Betroffener**, da sie in besonderem Umfang von den Klimabedingungen abhängt und sich somit an die Klimaänderungen anpassen muss.

Einflüsse des Klimawandels auf die Landwirtschaft

Die vermuteten **Auswirkungen des Klimawandels** auf die Landwirtschaft sind je nach Region sehr unterschiedlich (FAO 2003b, S. 357ff.; IAASTD 2009b, S. 46ff.; CHMIELEWSKI 2009). Die erwarteten höheren Temperaturen und CO_2-Gehalte der Atmosphäre könnten zu Ertragssteigerungen führen, insbesondere in höheren Breitenkreislagen. Auf der Nordhalbkugel wäre auch eine Verschiebung der Anbaugrenzen verschiedener Kulturpflanzen polwärts möglich. Insgesamt sind bei moderatem Temperaturanstieg für die entwickelten Länder eher positive Effekte zu erwarten, wohingegen die am wenigsten entwickelten Länder besonders stark von negativen Auswirkungen betroffen sein dürften (FAO 2003b, S. 357, 361). Es wird erwartet, dass die Schwankungsbreite der jährlichen Niederschläge sowie die Häufigkeit extremer Klimaereignisse (z.B. Dürren, Hochwasser, Hitzewellen) zunehmen werden. Damit sind negative Auswirkungen vor allem für die Trockenräume zu erwarten, wo eine Verknappung der Wasserressourcen befürchtet wird. Ausgetrocknete Böden sind anfälliger gegen Winderosion, auftretende Starkregen können zu erhöhter Erosion und Abspülung der fruchtbaren Bodenschicht führen (CHMIELEWSKI 2009, S. 33) und somit könnte die Desertifikation weiter zunehmen. Durch die insgesamt erwarteten höheren Temperaturen könnten sich die Verbreitungsareale von Schädlingen, Krankheitserregern und Unkräutern ausweiten, sodass Ertragseinbußen drohen oder verstärkter Einsatz von Pestiziden nötig wird. Für die Kornkammern der USA, Indiens und Chinas wird erhöhter Trockenstress befürchtet, aber auch für Deutschland ist zu erwarten, dass die Wahrscheinlichkeit des Auftretens von Hitzeperioden im Sommer zunimmt, vor allem in den schon jetzt stark belasteten Gebieten. Im Osten Deutschlands ist auch eine Zunahme von niederschlagsfreien Perioden zu befürchten, was die Gefahr der Dürreschäden in der Landwirtschaft erhöht (GERSTENGARBE/WERNER 2009). Eine Darstellung der möglichen Auswirkungen des Klimawandels auf die Landwirtschaft in Deutschland gibt CHMIELEWSKI (2009).

Notwendigkeit der Anpassung

Sollte der prognostizierte Klimawandel eintreten, muss sich die Landwirtschaft an die veränderten Bedingungen anpassen. Hierzu verfügt sie über ein reichhaltiges Instrumentarium wie Sortenwahl, Fruchtfolgegestaltung, Bodenbearbeitung, Schädlingsbekämpfung, effizientes Wassermanagement u.a.m. Auch die Pflanzenzüchtung kann wichtige Beiträge leisten, indem sie Pflanzen züchtet, die verstärkt Hitze oder Trockenstress ertragen oder gegen verschiedene Schädlinge und Krankheitserreger resistent sind.

Auch wenn der Klimawandel eine Herausforderung für die Landwirtschaft darstellt, wird auch in Zukunft die **Ernährungssicherheit** weniger durch ihn als durch sozioökonomische Faktoren beeinflusst werden (Smith et al. 2000). Größte Aufmerksamkeit ist daher nach wie vor dem komplexen Wirkungsgefüge von politischer und ökonomischer Stabilität, technologischem Fortschritt, Agrarpolitik, Armutsbekämpfung, Erhöhung des Pro-Kopf-Einkommens u.a.m. zu schenken (FAO 2003b, S. 365).

4.5 Perspektiven nachhaltiger Agrarproduktion

Nachhaltigkeit in der Ernährungswirtschaft

Die gegenwärtigen Entwicklungen und Herausforderungen der Agrarwirtschaft zwingen zu einer Berücksichtigung vielfältiger **Forderungen nach Nachhaltigkeit** auf allen Stufen der Produktionskette. Prozesse der Globalisierung, zunehmender Wettbewerbsdruck auf den Agrarmärkten, soziale Folgen des Strukturwandels, die Gefahren einer Übernutzung der natürlichen Ressourcen, die notwendigen Anstrengungen zur Sicherstellung der Nahrungsmittelversorgung und Gesundheit der Weltbevölkerung, die Ungewissheiten bezüglich des Klimawandels etc. gehören zu den Fragenkreisen einer an Nachhaltigkeitszielen orientierten Entwicklung der Agrarproduktion. Im Hinblick auf die Großflächigkeit der landwirtschaftlichen Nutzung ist es wichtig, sie durch **gute fachliche Praxis** umweltverträglich zu gestalten und negative externe Effekte zu minimieren. Eine **nachhaltige Landwirtschaft** erfüllt die Ansprüche der heutigen Bevölkerung, ohne dabei die Möglichkeiten zur Befriedigung der Bedürfnisse zukünftiger Generationen zu gefährden. Allerdings sind die Forderungen nach Nachhaltigkeit sehr komplex, insbesondere bei Berücksichtigung der zunehmenden Multifunktionalität der Landwirtschaft (Kantelhardt/Heißenhuber 2005). **Ökologische Aspekte** liegen in der langfristigen Bewahrung der Wasserressourcen, dem Erhalt der Bodenfruchtbarkeit und im Schutz der Biodiversität. **Ökonomische Aspekte** betreffen die Sicherung von Einkommen und Ernährung, **soziale Aspekte** hingegen die Berücksichtigung der unterschiedlichen Interessen und Kenntnisse der einzelnen sozialen Gruppen und Akteure innerhalb der Produktionskette. Eine nachhaltige Landwirtschaft steht also vor der Herausforderung, umweltverträglich und zugleich auch ökonomisch sinnvoll und sozial verantwortlich zu sein. Es besteht die **Notwendigkeit verstärkter Forschungsanstrengungen** zur Entwicklung und großflächigen Umsetzung von Konzepten nachhaltiger Landwirtschaft.

Forschung zu nachhaltiger Landwirtschaft

Nicht zu unterschätzen ist auch die ökonomische Bedeutung eines Nachweises der Einhaltung bestimmter ökologischer und sozialer Standards, die eine bessere Ressourcennutzung und Positionierung der Produkte am Markt ermöglichen können. Die Deutsche Landwirtschaftsgesellschaft strebt die Verbreitung der Nachhaltigkeitsprinzipien in der Landwirtschaft und den weiteren Gliedern der Produktionskette für Nahrungsmittel an und hebt folgende Aspekte hervor (DLG 2008):

- Schutz von Boden, Wasser, Luft und Biodiversität;
- Verbesserung der Klimawirkungen und Energieeffizienz;
- Optimierung von Düngung und Pflanzenschutz;
- Stärkung von Wirtschaftlichkeit und Wettbewerbsfähigkeit;
- Fortbildung von Betriebsleitern und Beschäftigten;
- Lebensmittelsicherheit und Hygiene.

Vor besonderen Herausforderungen steht auch die **nachhaltige Tierproduktion**. Kennzeichnend sind hier Formen der Nutztierhaltung, die darauf ausgerichtet sind, qualitativ hochwertige und sichere Produkte für den menschlichen Verzehr und/oder die Verarbeitungsindustrie zu erzeugen unter Berücksichtigung des natürlichen Verhaltens und Wohlergehens der Nutztiere (WINDHORST 2009c). Um die Herkunft der Produkte nachvollziehen und ihre Sicherheit garantieren zu können, werden alle Schritte des Produktionsvorganges kontrolliert und dokumentiert. Die Produktion ist auf regionaler Basis organisiert, um lange Tiertransporte unnötig zu machen und das Risiko der Einschleppung von Tierseuchen zu reduzieren. In Verbindung mit der Pflanzenproduktion werden auf lokaler bzw. regionaler Ebene weitgehend geschlossene Nährstoffkreisläufe angestrebt. Die Produktion innerhalb der Produktionsketten ist so zu organisieren, dass negative Auswirkungen auf Boden, Wasser und Luft möglichst gering gehalten werden, um langfristig die Bodenfruchtbarkeit zu sichern und den Lebensraum der Menschen nicht zu gefährden.

An der Umsetzung der Ziele einer nachhaltigen Landwirtschaft muss sich auch die Agrargeographie engagiert beteiligen.

5 Ausblick

Es ist deutlich geworden, dass die Agrargeographie ein sehr weit ausdifferenziertes Arbeitsfeld darstellt, das in besonderem Maße auch Inhalte der verschiedenen Zweige der Anthropo- und der Physiogeographie miteinander verknüpft, aber auch über eine Vielzahl eigenständiger Methoden und Fragestellungen verfügt. Der Reiz der Agrargeographie liegt in den zahlreichen Problemkreisen und Einzelfragen, die von ihr bearbeitet werden. Dabei hat sie sich zunehmend problembezogenen und angewandten Fragestellungen zugewandt.

Je nach Region und Entwicklungsstand, natürlichen Voraussetzungen, politischen Rahmenbedingungen, Art und Ziel der Bodennutzung oder der Viehhaltung, Akteuren und Ausprägungen der jeweiligen Produktionskette stellen sich jeweils spezifische Probleme, die wiederum mit den adäquat auszuwählenden Methoden einer Bearbeitung zugeführt werden müssen.

In den letzten Jahren ist der Agrargeographie innerhalb der Geographie nur eine vergleichsweise geringe Beachtung geschenkt worden; sie trat gegenüber den Fragestellungen einer Industrie-, Dienstleistungs- und Freizeitgesellschaft in den Hintergrund. Dazu hat sicherlich das Absinken der relativen wirtschaftlichen Bedeutung der Landwirtschaft in weit entwickelten Volkswirtschaften beigetragen. In der jüngsten Zeit rückt jedoch die absolut unverzichtbare Rolle der Agrarwirtschaft für die Versorgung der Bevölkerung mit Nahrungsmitteln und anderen Rohstoffen wieder verstärkt in den Fokus. Akute und sich verschärfende Probleme der Welternährung und der Erzeugung von Bioenergie, der knappen Wasserressourcen sowie der zunehmenden Nutzungskonflikte um die knapper werdende Ressource Boden zeigen den dringenden Handlungsbedarf.

In den entwickelten Volkswirtschaften werden zunehmend Fragen der Nahrungsmittelsicherheit und -herkunft sowie die Multifunktionalität der Landwirtschaft thematisiert. Einige dieser neuen Fragestellungen (vgl. Kap. 4.3) gehen z. T. weit über die Aufgabenbereiche hinaus, die gemäß der in Kap. 1.1.2 vorgestellten Definition der Agrargeographie (Windhorst 1989a, S. 147) zufallen. Hier wird die Zukunft zeigen, ob die Agrargeographie auf Dauer ihr Arbeitsfeld um diese Bereiche erweitern wird und damit letztlich in einer „Geographie des ländlichen Raumes" aufgeht, oder ob sie sich wieder verstärkt den wirtschaftlichen Funktionen der Agrarwirtschaft zuwendet, und diese Randbereiche bzw. nicht-wirtschaftlichen Funktionen einer dann eigenständigen „Geographie des ländlichen Raumes" überlässt.

Angesichts der gesellschaftlichen Relevanz und der unbestreitbaren Notwendigkeit, die geschilderten Probleme der Daseinsvorsorge im primären Produktionssektor im Sinne einer nachhaltigen Zukunftsgestaltung zu lösen, ist für die Zukunft eher ein erneutes Erstarken des Interesses an der Agrargeographie zu erwarten und auch zu wünschen.

Literaturverzeichnis

ACHENBACH, H. (1994): Die agraren Produktionszonen der Erde und ihre natürlichen Risikofaktoren. In: Geographische Rundschau 46, H. 2, S. 58–64.

ACHTNICH, W. (1980): Bewässerungslandbau. Agrotechnische Grundlagen der Bewässerungswirtschaft. Stuttgart.

AGRIMENTE (herausgegeben von der IMA). Hannover, versch. Jgg.

ALEXANDRATOS, N. (2009): World Food and Agriculture to 2030/50. Highlights and views from mid-2009. In: FAO (Hrsg.): Expert Meeting on How to feed the World in 2050. ftp://ftp.fao.org/docrep/fao/012/ak969e/ak969e00.pdf (28.03.2010)

ANDREAE, B. (1985): Agrargeographie. (= Sammlung Göschen 2624). Berlin.

ARNOLD, A. (1983): Die Agrargeographie als wissenschaftliche Disziplin. In: Zeitschrift für Agrargeographie 1, S. 3–16.

ARNOLD, A. (1997): Allgemeine Agrargeographie. Gotha und Stuttgart.

BALDENHOFER, K. (1999): Lexikon des Agrarraums. Gotha und Stuttgart.

BARTON, J. R.; MURRAY, W. E. (2009): Grounding geographies of economic globalisation: globalised spaces in Chile's non-traditional export sector, 1980–2005. In: Tijdschrift voor Economische en Sociale Geografie 100, H. 1, S. 81–100.

BECKER, H. (1998): Allgemeine Historische Agrargeographie. Stuttgart.

BERNHARD, H. (1915): Die Agrargeographie als wissenschaftliche Disziplin. In: Petermanns Geographische Mitteilungen 61, S. 12–18.

BIROT, P. (1964): La Méditerranée et le Moyen-Orient. 2. Aufl. Paris.

BITTER, G. von (2006): Das Qualitätssicherungssystem „QS Qualität und Sicherheit" im Bereich der Landwirtschaft – Eine Untersuchung am Beispiel der Rinder- und Schweinehaltung unter geographischen und ökonomischen Aspekten. (= Vechtaer Studien zur Angewandten Geographie und Regionalwissenschaft 27). Vechta.

BLAY-PALMER, A. (Hrsg.) (2008): Food fears. From Industrial to Sustainable Food Systems. Aldershot u. a.

BOHLE, H.-G. (1999): Grenzen der Grünen Revolution in Indien. Wasser als kritischer Faktor in der Agrarentwicklung. In: Geographische Rundschau 51, H. 3, S. 111–117.

BOHLE, H.-G. (2001): Bevölkerungsentwicklung und Ernährung. Sind die „Grenzen des Wachstums" überschritten? In: Geographische Rundschau 53, H. 2, S. 18–24.

BORCHERDT, C. (1961): Die Innovation als agrargeographische Regelerscheinung. In: Arbeiten an dem Geographischen Institut der Universität des Saarlandes 6, Saarbrücken, S. 13–50.

BORCHERDT, C. (1996): Agrargeographie. Stuttgart.

BORSDORF, A. (2006): Espresso und Kokain. Globaler Markt und Konsumentenverhalten als Einflussfaktoren auf lateinamerikanische Ökosysteme und Kulturlandschaften. In: BORSDORF, A. und W. HÖDL (Hrsg.): Naturraum Lateinamerika. Wien, S. 357–371.

BÖRST, U. (2008): Das Lötschental. Uminterpretation von Potenzialen und Limitierungen einer inneralpinen Landschaft. In: Geographische Rundschau 60, H. 3, S. 38–46.

BOVÉ, J.; DUFOUR, F. (2001): Die Welt ist keine Ware. Bauern gegen Agromultis. Zürich.

BOWLER, I. (1992): The Industrialization of Agriculture. In: BOWLER, I. (Hrsg.): The Geography of Agriculture in Developed Market Economies. New York, London, S. 7–32.

BREUER, T. (1985): Die Steuerung der Diffusion von Innovationen in der Landwirtschaft. Dargestellt an Beispielen des Vertragsanbaus in Spanien. Düsseldorfer Geographische Schriften 24, Düsseldorf.

BREUER, T. (1999): Agrarräumliche Gliederung. In: TAUBMANN, W. (Hrsg.): Handbuch des Geographieunterrichts, Bd. 5: Agrarwirtschaftliche und ländliche Räume. Köln, S. 66–73.

BREUER, T.; DELZEIT, R.; BECKER, A. (2008): Biofuels: Die globale Renaissance der „Kraftstoffe vom Acker". In: Geographische Rundschau 60, H. 1, S. 58–64.

BROCKMANN-JEROSCH, H. (1934): Kulturpflanzen außerhalb ihres natürlichen Bereiches. In: Petermanns Mitteilungen, S. 221–222.

BRUINSMA, J. (2009): The Resource Outlook to 2050: by how much do land, water and crop yields need to increase by 2050? In: FAO (Hrsg.): Expert Meeting on How to feed the World in 2050. ftp://ftp.fao.org/docrep/fao/012/ak971e/ak971e00.pdf (28.03.2010)

CASABURI, G. G. (1999): Dynamic Agroindustrial Clusters. The Political Economy of Competitive Sectors in Argentina and Chile. London.

CHALÉARD, J.-L.; CHARVET, J.-P. (2007): Géographie agricole et rurale. Paris.

CHMIELEWSKI, F.-M. (2009): Landwirtschaft und Klimawandel. In: Geographische Rundschau 61, H. 9, S. 28–35.

COLTRAIN, D.; BARTON, D.; BOLAND, M.: (2000): Differences between New Generation Cooperatives and Traditional Cooperatives. (= Arthur Capper Cooperative Center, Kansas State University). Manhattan, Kansas. http://www.agecon.ksu.edu/ACCC/kcdc/PDF%20Files/differences.pdf (13.11. 2009).

CORVES, C. (2009): Biologische Vielfalt in der Landwirtschaft. Ihre Bedeutung für die Ernährungssicherung in Zeiten des Klimawandels. In: Geographische Rundschau 61, H. 4, S. 38–45.

COY, M.; NEUBURGER, M. (2002): Aktuelle Entwicklungstendenzen im ländlichen Raum Brasiliens. In: Petermanns Geographische Mitteilungen 146, H. 5, S. 74–83.

DAHLKE, J. (1976): Die Entwicklung des Weizenfarmens im Westen Australiens. Gedanken zum trockenheitsbedingten Typ der Pioniergrenze. In: Göttinger Geographische Abhandlungen 66, S. 137–146.

DEUTSCHER BAUERNVERBAND (2008): Situationsbericht 2009. Trends und Fakten zur Landwirtschaft. Berlin.

DLG (Deutsche Landwirtschaftsgesellschaft) (2008): DLG-Nachhaltigkeitsstandard. www.nachhaltige-landwirtschaft.info.

DOPPLER, W. (1991): Landwirtschaftliche Betriebssysteme in den Tropen und Subtropen. Stuttgart.

DOPPLER, W. (1994): Landwirtschaftliche Betriebssysteme in den Tropen und Subtropen. Genesis, Entwicklungsprobleme und Entwicklungspotential. In: Geographische Rundschau 46, H. 2, S. 65–71.

DÜNCKMANN, F. (2000): Das brasilianische PROÁLCOOL-Programm – Biokraftstoff aus Zuckerrohr. In: Geographische Rundschau 52, H. 6, S. 22–27.

DÜNCKMANN, F. (2002): Kaffee in Brasilien. Historische Entwicklung und heutige Situation. In: Geographische Rundschau 54, H. 11, S. 36–42.

DÜNCKMANN, F. (2003): Nachhaltige Exportwirtschaft durch Umweltstandards? Neue Handelsstrukturen auf dem US-amerikanischen Kaffeemarkt. In: Erdkunde 57, S. 21–32.

DÜNCKMANN, F. (2004): Plantagen im Weltwirtschaftssystem heute. In: Geographische Rundschau 56, H. 11, S. 4–9.

DÜNCKMANN, F. (2007): Äpfel aus Chile und Birnen aus der Region: Zur Restrukturierung globaler und regionaler Warenketten in der Nahrungsmittelproduktion. In: MEYER, G. (Hrsg.): Entwicklung durch Handel? Die Dritte Welt in der Globalisierung. Mainz, S. 89–110.

EHLERS, E. (1984): Bevölkerungswachstum – Nahrungsspielraum – Siedlungsgrenzen der Erde. (= Studienbücher Geographie). Frankfurt a. M. u. a.

EHLERS, E. (1985): Die agraren Siedlungsgrenzen der Erde. In: Geographische Rundschau 37, H. 7, S. 330–338.

ENGELBRECHT, T. H. (1930): Die Landbauzonen der Erde. In: Petermanns Geographische Mitteilungen XLV, Ergänzungsband 209, S. 287–297.

ERMANN, U. (2006): Aus der Region – für die Region? Regionales Wirtschaften als Strategie zur Entwicklung ländlicher Räume. In: Geographische Rundschau 58, H. 12, S. 28–35.

EUROPÄISCHE GEMEINSCHAFTEN – KOMMISSION (1982): Die Agrarpolitik der Europäischen Gemeinschaft. Luxemburg.

FAO (2000): Cultivating Our Futures. Taking Stock of the Multifunctional Character of Agriculture and Land. (Onlinepublikation). http://www.fao.org/docrep/X2776E/X2776E00.htm (13.11.2009).

FAO (2003a): The irrigation Challenge. Increasing irrigation contribution to food security through higher water productivity from canal irrigation systems. (IPTRID Issue Paper 4). Rom.

FAO (2003b): World Agriculture: towards 2015/2030. An FAO Perspective. Rom.

FAO (2008): The State of Food and Agriculture. Biofuels: prospects, risks and opportunities. Rom.

FAO (2009): The State of Food Insecurity in the World. Economic crises – impacts and lessons learned. Rom.

FAO-AQUASTAT DATENBASIS: Datenbasis der UN Food and Agricultural Organization. http://www.fao.org/corp/statistics/en/.

FAO-DATENBASIS: Datenbasis der UN Food and Agricultural Organization. http://www.fao.org/corp/statistics/en/.

FESSLER, D. M. T.; NAVARRETE, C. D. (2003): Meat is Good to Taboo. Dietary Proscriptions as a Product of the Interaction of Psychological Mechanisms and Social Processes. In: Journal of Cognition and Culture Vol. 3, No. 1, S. 1–40. http://www.sscnet.ucla.edu/anthro/faculty/fessler/pubs/MeatIsGoodToTaboo.pdf (13.11.2009).

FOURASTIE, J. (1949): Die große Hoffnung des zwanzigsten Jahrhunderts. Deutsche Ausgabe Köln 1954.

GARCÍA, M. D.; TULLA, A. F.; VALDOVINOS, N. (1995): Geografía rural. Madrid.

GENOSSENSCHAFTSGESETZ: http://www.gesetze-im-internet.de/bundesrecht/geng/gesamt.pdf (13.11. 2009).

GEROLD, G. (2002): Geoökologische Grundlagen nachhaltiger Landnutzungssysteme in den Tropen. In: Geographische Rundschau 54, H. 5, S. 4–10.

GERSTENGARBE, F.-W.; WERNER, P.C. (2009): Klimaextreme und ihr Gefährdungspotential für Deutschland. In: Geographische Rundschau 61, H. 9, S. 12–19.

GIESE, E. (1997): Die ökologische Krise der Aralseeregion. Ursachen, Folgen, Lösungsansätze. In: Geographische Rundschau 49, H. 3, S. 293–299.

GIESE, E.; SEHRING, J.; TROUCHINE, A. (2004): Zwischenstaatliche Wassernutzungskonflikte in Mittelasien. In: Geographische Rundschau 56, H. 10, S. 10–16.

GILG, A. (1985): An introduction to rural geography. London.

GOLDHAMER, D.A.; SNYDER, R.L. (1989): Irrigation Scheduling. A Guide for Efficient On-Farm Water Management. (= University of California, Division of Agriculture and Natural Resources Publication 21454). Oakland.

GRABKOWSKY, B.J. (2009): Qualitative Risikobewertung eines Eintrags von Aviärer Influenza in europäische Geflügelbetriebe auf lokaler und überregionaler Ebene. Diss. Vechta.

GRIGG, D. (1995a): An introduction to agricultural geography. 2. Aufl., London, New York.

GRIGG, D. (1995b): The geography of food consumption: a review. In: Progress in Human Geography 19, H. 3, S. 338–354.

GRIGG, D. (1999): Food consumption in the Mediterranean region. In: Tijdschrift voor Economische en Sociale Geografie 90, H. 4, S. 391–409.

GROSSKOPF, W. (1990): Grundlagen genossenschaftlicher Strukturen und deren Wandlungen als Folge von Marktzwängen. In: LAURINKARI, J. (Hrsg.): Genossenschaftswesen. Hand- und Lehrbuch. München, S. 363–378.

GRÖTZBACH, E. (1985): Höhengrenzen und Höhenstufen. In: Geographische Rundschau 37, H. 7, S. 339–344.

GRUSCHKE, A. (2007): Wandel und Beständigkeit bei Nomaden in Osttibet. In: Geographische Rundschau 59, H. 11, S. 18–26.

GWYNNE, R.N. (1999): Globalisation, commodity chains and fruit exporting regions in Chile. In: Tijdschrift voor Economische en Sociale Geografie 90, H. 2, S. 211–225.

GWYNNE, R.N. (2003): Transnational capitalism and local transformation in Chile. In: Tijdschrift voor Economische en Sociale Geografie 94, H. 3, S. 310–321.

HAAS, H.-D.; NEUMAIR, S.-M. (2008): Wirtschaftsgeographie. 2. Aufl. (= Geowissen kompakt). Darmstadt.

HAAS, H.-D.; NEUMAIR; S.-M.; SCHLESINGER, D.M. (2009): Geographie der internationalen Wirtschaft. (= Geowissen kompakt). Darmstadt.

HAHN, B. (2009): Welthandel. Geschichte, Konzepte, Perspektiven. Darmstadt.

HANF, J.H.; KRÜCKEMEIER, J.; HANF, C.H. (2009): Auswirkung der Internationalisierung des Lebensmitteleinzelhandels auf die Agrar- und Ernährungswirtschaft. In: Berichte über Landwirtschaft 87, H. 2, S. 343–352.

HENKEL, G. (2004): Gegenwart und Wandlungsprozesse seit dem 19. Jahrhundert in Deutschland. 4. Aufl., Stuttgart, Leipzig.

HENNIG, T. (2006): Bewässerungsdynamik in Südindien. Vom Niedergang der traditionellen Tankbewässerung in Andhra Pradesh. In: Geographische Rundschau 58, H. 7/8, S. 50–57.

HENRICHSMEYER, W.; WITZKE, H.P. (1991): Agrarpolitik. Bd. 1: Agrarökonomische Grundlagen. Stuttgart.

HENRICHSMEYER, W.; WITZKE, H.P. (1994): Agrarpolitik. Bd. 2: Bewertung und Willensbildung. Stuttgart.

HOHMANN, K. (1984): Agrarpolitik und Landwirtschaft in der DDR. In: Geographische Rundschau 36, H. 12, S. 598–604.

HORST, P.; PETERS, K.J. (1978): Regionalisierung und Produktionssysteme der Nutztierhaltung im Weltagrarraum. In: Zeitschrift für ausländische Landwirtschaft 17, H. 3, S. 190–211.

HOTTES, K.H. (1992): Die Plantagenwirtschaft in der Weltwirtschaft: Innovationskraft und heutige Strukturen des Plantagensystems. (= Bochumer Schriften zur Entwicklungsforschung und Entwicklungspolitik, 29). Frankfurt a.M.

HUMAN DEVELOPMENT REPORT 2006: Beyond scarcity: Power, poverty and the global water crisis. New York.

IAASTD (2009a): Global Report. Washington, D.C.

IAASTD (2009b): Synthesis Report. A Synthesis of the Global and Sub-Global IAASTD Reports. Washington, D.C.

ILBERY, B.; BOWLER, I. (1998): From agricultural productivism to post-productivism. In: ILBERY, B. (Hrsg.): The geography of rural change. Harlow u.a., S. 57–83.

ILBERY, B.; KNEAFSEY, M. (1998): Product and place: Promoting quality products and services in the lagging rural regions of the European Union. In: European Urban and Regional Studies 5, H. 4, S. 329–341.

INDIA DEPARTMENT OF AGRICULTURE AND COOPERATION, MINISTRY OF AGRICULTURE: Land Use Statistics at a Glance. http://dacnet.nic.in/eands/slus/2003-04/lus.htm (13.11.2009).

KANTELHARDT, J.; HEIßENHUBER, A. (2005): Nachhaltigkeit und Landwirtschaft. In: BRUNNER, K.-M. und G.U. SCHÖNBERGER (Hrsg.): Nachhaltigkeit und Ernährung. Produktion – Handel – Konsum. Frankfurt, S. 25–48.

KARIEL, H.G. (1966): A proposed classification of diet. In: Annals of the Association of American Geographers 1, S. 68–80.

KLEMM, V. (1985): Von den bürgerlichen Agrarreformen zur sozialistischen Landwirtschaft in der DDR. Berlin/Ost.

KLOHN, W. (1990): Die Farmer-Genossenschaften in den USA. Eine agrargeographische Untersuchung. (= Vechtaer Arbeiten zur Geographie und Regionalwissenschaft Bd. 9). Vechta.

KLOHN, W. (1993): Der räumliche Produktionsverbund des Hopfenbaus bei Wolnzach (Hallertau). In: WINDHORST, H.-W. (Hrsg.): Räumliche Verbundsysteme in der Agrarwirtschaft. (= Vechtaer Studien zur Angewandten Geographie und Regionalwissenschaft, Bd. 11). Vechta, S. 21–50.

KLOHN, W. (2005a): California – an Agricultural Empire. In: KLOHN, W. und H.-W. WINDHORST: Neue Entwicklungen in der Landwirtschaft Kaliforniens. (= Vechtaer Studien zur Angewandten Geographie und Regionalwissenschaft, Bd. 26). Vechta, S. 11–42.

KLOHN, W. (2005b): Three Coming Crops – Der Siegeszug der Baumnüsse in Kalifornien. In: KLOHN, W. und H.-W. WINDHORST: Neue Entwicklungen in der Landwirtschaft Kaliforniens. (= Vechtaer Studien zur Angewandten Geographie und Regionalwissenschaft, Band 26). Vechta, S. 91–134.

KLOHN, W.; VOTH, A. (2008): Das Oldenburger Münsterland. Entwicklung und Strukturen einer Agrar-Kompetenzregion. (= Vechtaer Materialien zum Geographieunterricht, H. 2). 4. neu bearb. Aufl. Vechta.

KLOHN, W.; VOTH, A. (2009): Die Landwirtschaft in Deutschland. (= Vechtaer Materialien zum Geographieunterricht 3). 5. neu bearb. Aufl., Vechta.

KLOHN, W.; WINDHORST, H.-W. (2007): Kampf um die Fläche? Landwirtschaft im Spannungsfeld zwischen Energie- und Nahrungsmittelproduktion. In: Geographie und Schule, H. 170, S. 4–10.

KLOHN, W.; WINDHORST, H.-W. (2009): Die Landwirtschaft in der Europäischen Union. (= Vechtaer Materialien zum Geographieunterricht, H. 12). Vechta.

KLUGE, U. (1989): Vierzig Jahre Agrarpolitik in der Bundesrepublik Deutschland. 2 Bände. Hamburg und Berlin.

KOHLHEPP, G. (1976): Gelenkte Agrarkolonisation im Rahmen der Expansion des Kaffeeanbaus im Norden Paranás (Brasilien). In: Göttinger Geographische Abhandlungen 66, S. 71–90.

KOSTROWICKY, J. (1980): Geographical typology of agriculture. In: Geographia Polonica 43, S. 125–148.

KRINGS, T. (2008): Politische Ökologie. Grundlagen und Arbeitsfelder eines geographischen Ansatzes der Mensch-Umwelt-Forschung. In: Geographische Rundschau 60, H. 12, S. 4–9.

KRUSE, E.G.; BUCKS, D.A.; BERNUTH, R.D. von (1990): Comparison of Irrigation Systems. In: STEWART, B.A. und D.R. NIELSEN (Hrsg.): Irrigation of Agricultural Crops. Madison, Wisconsin, S. 475–508.

KULKE, E. (2004): Wirtschaftsgeographie. (= UTB 2434). Paderborn u.a.

LANDESVEREINIGUNG DER LANDWIRTSCHAFT NIEDERSACHSEN (2007): Jahresbericht 2006. Hannover.

LENZ, B. (1997): Das Filière-Konzept als Analyseinstrument der organisatorischen und räumlichen Anordnung von Produktions- und Distributionsprozessen. In: Geographische Zeitschrift 85, H. 1, S. 20–33.

LINDNER, P. (2003): Kleinbäuerliche Landwirtschaft oder Kolchos-Archipel? Der ländliche Raum in Russland zehn Jahre nach der Privatisierung der Kollektivbetriebe. In: Geographische Rundschau 55, H. 12, S. 18–24.

LUKHAUP, R. (1999): Umweltorientierte Agrarstrukturpolitik in Deutschland. Die Entwicklung der ökologischen Landwirtschaft. In: Europa Regional 7, H. 3, S. 2–15.

MALTHUS, T.R. (1798/1977): Das Bevölkerungsgesetz. (dtv-Bibliothek). München.

MARM, MINISTERIO DE MEDIO AMBIENTE Y MEDIO RURAL Y MARINO (2009): Anuario de Estadística 2008. Madrid.

MAYER, C. (2004): Das Schnittblumen-Siegel. Beispiel für Umwelt- und Sozialstandards auf dem Weltmarkt. In: Geographische Rundschau 56, H. 11, S. 49–52.

MCMICHAEL, P. (2009): A food regime genealogy. In: The Journal of Peasant Studies 36, H. 1, S. 139–169.

MEIER KRUKER, V.; RAUH, J. (2005): Arbeitsmethoden der Humangeographie. (= Geowissen kompakt). Darmstadt.

MENSBRUGGHE, D.v.d. et al. (2009): Macroeconomic environment, commodity markets: A longer term outlook. In: FAO (Hrsg.): Expert Meeting on How to feed the World in 2050. ftp://ftp.fao.org/docrep/fao/012/ak967e/ak967e00.pdf (28.03.2010).

MOLDEN, D. (Hrsg.) (2007): Water for Food, Water for Life. A Comprehensive Assessment of Water Management in Agriculture. London.

MORGAN, W.B.; MUNTON, R.J.C. (1971): Agricultural geography. London.

MOSSIG, I. (2008): Entstehungs- und Wachstumspfade von Clustern: Konzeptionelle Ansätze und empirische Beispiele. In: KIESE, M. und L. SCHÄTZL (Hrsg.): Cluster und Regionalentwicklung. Theorie, Beratung und praktische Umsetzung. Dortmund, S. 51–66.

MSANGI, S.; ROSEGRANT, M. (2009): World Agriculture in a Dynamically-Changing Environment: IFPRI's Long-term Outlook for Food and Agriculture under Additional Demand and Constraints. In: FAO (Hrsg.): Expert Meeting on How to feed the World in 2050. ftp://ftp.fao.org/docrep/fao/012/ak970e/ak970e00.pdf (28.03.2010).

NATIONAL CHICKEN COUNCIL: http://www.nationalchickencouncil.com/statistics/.

NEIBERGER, C. (1999): Standortstrukturen und neue räumliche Verflechtungen in der Nahrungsmittelindustrie. Die Beispiele Molkereiprodukte und Dauerbackwaren. In: NUHN, H. et al. (Hrsg.): Auflösung regionaler Produktionsketten und Ansätze zu einer Neuformierung. Münster, S. 81–111.

NITZ, H.-J. (1975): Wirtschaftsraum und Wirtschaftsformation. In: Geographische Zeitschrift, Beiheft 41, S. 42–58.

NITZ, H.-J. (1982): Agrargeographie. Wissenschaftliche Grundlegung. In: Praxis Geographie 12, H. 10, S. 5–9.

NUHN, H. (1993a): Strukturwandel in der Nahrungsmittelindustrie. Hintergründe und räumliche Effekte. In: Geographische Rundschau 45, H. 9, S. 510–515.

NUHN, H. (1993b): Konzepte zur Beschreibung und Analyse des Produktionssystems unter besonderer Berücksichtigung der Nahrungsmittelindustrie. In: Zeitschrift für Wirtschaftsgeographie 37, H. 3–4, S. 137–142.

NUHN, H. (1999): Veränderungen des Produktionssystems der deutschen Milchwirtschaft im Spannungsfeld von Markt und Regulierung. In: NUHN, H. et al. (Hrsg.): Auflösung regionaler Produktionsketten und Ansätze zu einer Neuformierung. Münster, S. 113–166.

NUHN, H. (2003): Der zweite Bananenzyklus in der Zona Atlántica Costa Ricas. Von der traditionellen Plantagenwirtschaft zum Kontraktanbau und zur ökologischen Modernisierung. In: Erdkunde 57, H. 1, S. 2–20.

NUHN, H. (2004): Coffee Boom and Coffee Crisis – Open Markets, Global Competition and Consequences for Developing Countries. In: Die Erde 135, H. 1, S. 1–30.

OECD (2009): Agricultural Policies in OECD Countries. Monitoring and Evaluation 2009. Paris.

OLTERSDORF, U.; WEINGÄRTNER, L. (1996): Handbuch der Welternährung. Die zwei Gesichter der globalen Nahrungssituation. Bonn.

OTREMBA, E. (1960): Allgemeine Agrar- und Industriegeographie. 2. Aufl., Stuttgart.

OTREMBA, E. (Hrsg.) (1962–1971): Atlas der deutschen Agrarlandschaft. Wiesbaden.

PENKER, M.; PAYER, H. (2005): Lebensmittel im Widerspruch zwischen regionaler Herkunft und globaler Verfügbarkeit. In: BRUNNER, K.-M. und G.U. SCHÖNBERGER (Hrsg.): Nachhaltigkeit und Ernährung. Produktion – Handel – Konsum. Frankfurt, S. 174–187.

PERTERER, A.D. (1998): Der Kulturraum der Hutterer in Nordamerika. Wandel der Lebensformen einer Religionsgruppe im Spannungsfeld zwischen Tradition und Modernisierung. (= Beiträge zur Kanadistik Bd. 8). Augsburg.

PIATKOWSKI, B.; JENTSCH, W. (2009): Kühe gehören nicht zu „Klimakillern". In: Land & Forst Nr. 27, S. 56–58.

PITTE, J.-R. (1999): Frankreichs Landwirtschaft in der EU. Qualität als Herausforderung. In: Geographische Rundschau 51, H. 2, S. 97–102.

PITTE, J.-R. (2001): La géographie du goût, entre mondialisation et enracinement local. In: Annales de Géographie 110, H. 621, S. 487–508.

PLATE, R.; WOERMANN, E. (1962): Landwirtschaft im Strukturwandel der Volkswirtschaft. (= Agrarwirtschaft, Sonderheft 14). Hannover.

PRIEBE, H. (1985): Die subventionierte Unvernunft. Berlin.

PYE, O. (2008): Nachhaltige Profitmaximierung. Der Palmöl-Industrielle Komplex und die Debatte um „nachhaltige Biotreibstoffe". In: Peripherie 28, Nr. 112, S. 429–455.

QAIM, M. (2006): Bedeutung der Pflanzenzüchtung für die Welternährung. In: Berichte über Landwirtschaft 84, S. 198–212.

QAIM, M. (2009): The Economics of Genetically Modified Crops. In: Annual Review of Resource Economics, Vol. 1, S. 665–694.

RATHKE-HEBELER, E. (1988): Staatliche Agrarpolitik – Politik für wen? Frankfurt a.M.

REHM, S.; ESPIG, G. (1996): Die Kulturpflanzen der Tropen und Subtropen. 3. Aufl., Stuttgart.

REISCH, E.; KNECHT, G.; KONRAD, J. (1995): Betriebslehre. (= Landwirtschaftliches Lehrbuch 3). Stuttgart.

REMPPIS, M. (1999): Brasiliens Rinderweidewirtschaft – Natur zu Fleisch? In: Geographische Rundschau 51, S. 256–262.

RFA (Hrsg.) (2009): 2009 Ethanol Industry Outlook. Washington, D.C.

RICHTER, M. (1989): Untersuchungen zur Vegetationsentwicklung und zum Standortwandel auf mediterranen Rebbrachen. Camerino.

ROBINSON, G.M. (2004): Geographies of agriculture:

globalisation, restructuring and sustainability. Harlow u.a.

ROTHER, K. (1988): Agrargeographie. In: Geographische Rundschau 40, H. 2, S. 36–41.

ROTHER, K. (1989): Südeuropäer im Bewässerungsfeldbau Australiens. In: HAVERSATH, J.-B. und ROTHER, K. (Hrsg.): Innovationsprozesse in der Landwirtschaft. Passau, S. 81–95.

ROTHER, K. (1993): Der Mittelmeerraum. (= Teubner Studienbücher der Geographie). Stuttgart.

RUPPERT, K. (Hrsg.) (1973): Agrargeographie. (= Wege der Forschung 171). Darmstadt.

RUPPERT, K. (1984): Agrargeographie im Wandel. In: Geographica Helvetica 39, S. 168–172.

SANDER, H.-J. (1999): Agrarreformen am Beispiel Mexikos. In: TAUBMANN, W. (Hrsg.): Agrarwirtschaftliche und ländliche Räume. (= Handbuch des Geographieunterrichts, Bd. 5). Köln, S. 158–164.

SCHACHT, S. (2008): Energie aus Zuckerrohr. Das Beispiel Brasilien. In: Praxis Geographie 38, H. 9, S. 26–29.

SCHAMP, E.W. (2008): Globale Wertschöpfungsketten. Umbau von Nord-Süd-Beziehungen in der Weltwirtschaft. In: Geographische Rundschau 60, H. 9, S. 4–11.

SCHMIDHUBER, J.; BRUINSMA, J.; BOEDEKER, G. (2009): Capital requirements for developing countries' agriculture to 2050. In: FAO (Hrsg.): Expert Meeting on How to feed the World in 2050. ftp://ftp.fao.org/docrep/fao/012/ak974e/ak974e00.pdf (28.03.2010).

SCHOLZ, F. (1994): Nomadismus – Mobile Tierhaltung. Formen, Niedergang und Perspektiven einer traditionsreichen Lebens- und Wirtschaftsweise. In: Geographische Rundschau 46, H. 2, S. 72–78.

SCHOLZ, F. (1995): Nomadismus. Theorie und Wandel einer sozio-ökologischen Kulturweise. (= Erdkundliches Wissen 118). Stuttgart.

SCHOLZ, F. (1999): Nomadismus ist tot. Mobile Tierhaltung als zeitgemäße Nutzungsform der kargen Weiden des Altweltlichen Trockengürtels. In: Geographische Rundschau 51, H. 5, S. 248–255.

SCHOLZ, F. (2004): Geographische Entwicklungsforschung. Methoden und Theorien. Berlin, Stuttgart.

SCHOLZ, U. (2004): Ölpest im Regenwald? Der Ölpalmenboom in Malaysia und Indonesien. In: Geographische Rundschau 56, H. 11, S. 10–17.

SCHUG, W.; LEON, J.; GRAVERT, H.O. (1996): Welternährung. Herausforderung an Pflanzenbau und Tierhaltung. Darmstadt.

SICK, W.-D. (1997): Agrargeographie. 3. Aufl., Braunschweig.

SIEBERT, St. et al. (2006): The Digital Global Map of Irrigation Areas – Development and Validation of Map Version 4. (= Deutscher Tropentag 2006). http://www.tropentag.de/2006/abstracts/full/211.pdf (13.11.2009).

SMITH, L.C.; EL OBEID, A.E.; JENSEN, H.H. (2000): The geography and causes of food insecurity in developing countries. In: Agricultural Economics 22, S. 199–215.

SMITHFIELD FOODS (2009): 2009 Annual Report. Smithfield, VA (USA).

SPIELMANN, H.O. (1989): Agrargeographie in Stichworten. Unterägeri.

STAMM, A. (1995): Weltmarktinduzierte Innovationen im costaricanischen Agrarsektor: eine neue Dynamik für den ländlichen Raum? In: Zeitschrift für Wirtschaftsgeographie 39, H. 2, S. 82–91.

STAMM, A. (1999): Kaffeewirtschaft in Zentralamerika. Aktuelle Situation und Entwicklungsperspektiven. In: Geographische Rundschau 51, H. 7/8, S. 399–407.

STATISTISCHES BUNDESAMT (2008): Betriebswirtschaftliche Ausrichtung und Standarddeckungsbeiträge Agrarstrukturerhebung 2007. (= Fachserie 3, Reihe 2.1.4). Wiesbaden.

STATISTISCHES BUNDESAMT (2009a): Statistisches Jahrbuch für die Bundesrepublik Deutschland 2009. Wiesbaden.

STATISTISCHES BUNDESAMT (2009b): Landwirtschaft in Deutschland und der Europäischen Union 2009. Wiesbaden.

STATISTISCHES JAHRBUCH ÜBER ERNÄHRUNG, LANDWIRTSCHAFT UND FORSTEN. Münster-Hiltrup, versch. Jgg.

STECKHAN, D. (1968): Zur Karte „Größenstrukturen der niedersächsischen Molkereien 1967". In: Neues Archiv für Niedersachsen 17, S. 356–357 und Kartenbeilage.

STEIN, A.; MATUSCHKE, I.; QAIM, M. (2008): Grüne Gentechnik für eine arme Landbevölkerung. Erfahrungen aus Indien. In: Geographische Rundschau 60, H. 4, S. 36–41.

STRUCK, E. (1990): Die Glashauskulturen der türkischen Südküste – eine Diffusionsanalyse. In: Erdkunde 44, S. 161–170.

SUNIZA, L. (1981): Die Landwirtschaft der Sowjetunion. Wien.

TALBOT, J.M. (2002): Tropical commodity chains, forward integration strategies and international inequality: coffee, cocoa and tea. In: Review of International Political Economy 9, H. 4, S. 701–734.

THÜNEN, J.H. von (1826): Der isolierte Staat in Beziehung auf Landwirtschaft und Nationalökonomie. Hamburg.

TORGERSON, R.E. (2001): A critical look at new-generation cooperatives. In: Rural Cooperatives, January/February, S. 15–19.

UHLIG, H. (1983): Reisbausysteme und -ökotope in Südostasien. In: Erdkunde 37, S. 269–282.

UNITED NATIONS POPULATION DATABASE: United Nations Population Information Network. www.un.org/popin

USDA, NASS: Census of Agriculture, versch. Ausgaben (bis 1992 herausgegeben vom United States Department of Commerce). Washington, D.C.

USDA, RURAL DEVELOPMENT (2009): Cooperative Statistics 2008. Washington, D.C.

VOTH, A. (1997): Agrargeographie des tropisch-subtropischen Obstanbaus an der südlichen Peripherie der Europäischen Union. (= Sozialökonomische Schriften zur ruralen Entwicklung 118). Kiel.

VOTH, A. (2002): Innovative Entwicklungen in der Erzeugung und Vermarktung von Sonderkulturprodukten – dargestellt an Fallstudien aus Deutschland, Spanien und Brasilien. (= Vechtaer Studien zur Angewandten Geographie und Regionalwissenschaft 24). Vechta.

VOTH, A. (2003): Aufwertung regionaltypischer Produkte in Europa durch geographische Herkunftsbezeichnungen. In: Europa Regional 11, H. 1, S. 2–11.

VOTH, A. (2004): Erdbeeren aus Andalusien. Dynamik und Probleme eines jungen Intensivgebietes. In: Praxis Geographie 34, H. 3, S. 12–16.

VOTH, A. (2005): Der Ölbaum. Strukturwandel einer traditionellen mediterranen Kultur in der EU. In: Geographische Rundschau 57, H. 7/8, S. 48–55.

VOTH, A. (2009): Regionaler Gebietsschutz in Spanien – Das andalusische Schutzgebietsnetz als Beitrag zur Entwicklung ländlicher Räume. In: Geographische Rundschau 61, H. 6., S. 50–59.

WAIBEL, L. (1933): Probleme der Landwirtschaftsgeographie. (= Wirtschaftsgeographische Abhandlungen 1). Breslau.

WATTS, D.C.H.; OLBERY, B.; MAYE, D. (2005): Making reconnections in agro-food geography: alternative systems of food provision. In: Progress in Human Geography 29, H. 1, S. 22–40.

WEBER, W. (1980): Die Entwicklung der nördlichen Weinbaugrenze in Europa. Eine historisch-geographische Untersuchung. (= Forschungen zur deutschen Landeskunde 216), Trier.

WEISCHET, W. (1977): Die ökologische Benachteiligung der Tropen. Stuttgart.

WEISCHET, W. (1984): Agrarwirtschaft in den feuchten Tropen. In: Geographische Rundschau 36, H. 7, S. 344–350.

WHATMORE, S. (2002): From farming to agribusiness: Global agri-food networks. In: JOHNSTON, R.J. et al. (Hrsg.): Geographies of global change. 2. Aufl., Oxford, S. 57–67.

WILSON, G.A. (2002): Post-Produktivismus in der europäischen Landwirtschaft: Mythos oder Realität? In: Geographica Helvetica 57, H. 2, S. 109–126.

WINDHORST, H.-W. (1974): Agrarformationen. In: Geographische Zeitschrift 62, H. 4, S. 272–294.

WINDHORST, H.-W. (1979): Die sozialgeographische Analyse raum-zeitlicher Diffusionsprozesse auf der Basis der Adoptorkategorien von Innovationen: Die Ausbreitung der Käfighaltung von Hühnern in Südoldenburg. In: Zeitschrift für Agrargeschichte und Agrarsoziologie 27, H. 2, S. 244–266.

WINDHORST, H.-W. (1983): Geographische Innovations- und Diffusionsforschung. (= Erträge der Forschung 189). Darmstadt.

WINDHORST, H.-W. (1989a): Die Industrialisierung der Agrarwirtschaft als Herausforderung an die Agrargeographie. In: Geographische Zeitschrift 77, H. 3, S. 136–153.

WINDHORST, H.-W. (1989b): Die Industrialisierung der Agrarwirtschaft. Frankfurt a.M.

WINDHORST, H.-W. (1993): Räumliche Verbundsysteme in der agrarischen Produktion. In: Erdkunde 47, S. 118–130.

WINDHORST, H.-W. (2002): Sozioökonomische und siedlungsstrukturelle Wandlungen in der Plantagenwirtschaft im Alten Süden. In: KLOHN, W. und H.-W. WINDHORST: Die Land- und Forstwirtschaft im Alten Süden der USA. (= Vechtaer Studien zur Angewandten Geographie und Regionalwissenschaft, Bd. 23). Vechta, S. 65–112.

WINDHORST, H.-W. (2003): Agrarwirtschaft und Ernährungsindustrie – Stehen sie vor einer revolutionären Neuorganisation? In: Geographie und Schule 145, S. 3–9.

WINDHORST, H.-W. (2009a): Außergewöhnliches Wachstum. Eine Analyse der bemerkenswerten regionalen Dynamik im Welthandel mit Geflügelfleisch. In: Fleischwirtschaft 89, H. 12, S. 21–26.

WINDHORST, H.-W. (2009b): Brazil – the broiler meat exporting giant. An analysis of the dynamics in exports and trade flows. In: Zootecnica 31, H. 10, S. 38–45.

WINDHORST, H.-W. (2009c): Sustainability – the challenge for the livestock and poultry industries. In: BRIESE, A. et al. (Hrsg.): Proceedings of the XIV. ISAH Congress 2009: Sustainable Animal Husbandry – Prevention is better than Curo. Brno, S. 8–12.

WINDHORST, H.-W. (2010): Folgen der Schweinepest wirken noch nach. Die Dynamik der niederländischen Schweinehaltung und Schweinefleischproduktion in den beiden letzten Jahrzehnten. In: Fleischwirtschaft 90, H. 5, S. 21–28.

WINTER, H.-W. (1982): Genossenschaftswesen. Stuttgart.

WINTER, M. (2003): Geographies of food: agro-food

geographies – making reconnections. In: Progress of Human Geography 27, H. 4, S. 505–514.

WORLD BANK (2007): Agriculture for Development. (= World Development Report 2008). Washington, D.C.

WTO (World Trade Organization) (2009): International Trade Statistics 2009. Genf.

ZOHARY, D. (1995): Olive: Olea europea (Oleaceae). In: SMARTT, J. und SIMMONDS, N.W. (Hrsg.): Evolution of crop plants. London, S. 379–382.

ZEHETMEIER, M. (2010): Mehr Leistung – besseres Klima? In: DLG-Mitteilungen H. 1, S. 56–58.

ZMP-MARKTBERICHT: Vieh und Fleisch. Bonn, versch. Ausgaben.

ZMP-MARKTBILANZ: Vieh und Fleisch. Bonn, versch. Jgg.

Register